打開天窗 敢說亮話

INSPIRATION

天窗出版

此書獻給我最敬愛及影響我最深的祖母袁福女士。

跨國公關**執生**智慧

盧炳松 著

目錄

4 可口可樂最強宣傳

5 在半封閉市場開荒

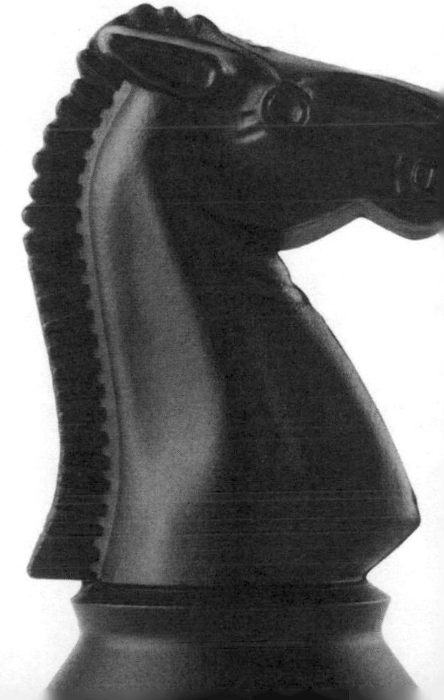

目錄

6 要識享受拆彈

7 為港爭辦奧運馬術

8 為迪士尼領展打輿論戰

推薦序

盡快示警 盡速提案

Robert Harland
可口可樂公司
前全球對外事務副總裁

若任何公司以為危機不會發生在他們身上，總有一天會後悔莫及。因為一旦應付不好，公司的聲譽會毀於一旦，數以十億計的股值，會一下子蒸發。所以有專業員工及有效的策略，能夠幫助任何一家公司面對突如其來的重大負面事情。

作為像可口可樂一類的快速消費品公司，一直以來都面對不少的危機。所以公司投放很多資源去強化公關團隊，準備隨時應付從未預料過的事件。我在可口可樂公司亞洲太平洋地區、中東及北非擔任高管28年，我經歷不少危機，要在當地市場作出快速而貼地的反應——中國就是個典型的好例子。可口可樂在這個國家推展市場時，要面對及克服無數問題。

我們很幸運有盧炳松（BC）及他的團隊，是我們其中一支最優秀的隊伍。我很高興能有機會與他們共事多年。每次我們遇到一些有機會發展成為危機的事件，BC都會很快警告管理層，並且迅速提出他的方案，去控制事件，防止擴大。

所以感謝BC及他才華十足的夥伴，讓管理人員能夠集中處理當前的事，去拓展中國業務。大家心中都穩妥，因為知道有一隊隨時候命的公關專家，去處理任何威嚇、任何防礙業務增長的事情。

推薦序

急、準、智、仁

金民豪
香港迪士尼樂園前總裁
上海海昌海洋公園亞太區總裁

認識盧炳松先生30年，共事15載，我對他的印象可用四個字總結——急、準、智、仁。曾於兩大美國品牌及好幾間香港知名企業任職公關高層的他，盧先生是不一般的公關專家。

當初認識他時，我初出茅廬，更不知曉公共事務是做什麼的。但每當見盧先生出現時，語速驚人，疾步如飛，不管討論甚麼問題，必定表情嚴肅，很認真投入。無論審稿或寫稿，筆速飛快。做事要求立竿見影，盡快解決問題。

盧先生解決問題有他一套手法。他看問題很準，很快抓到核心，腦袋馬上有一套計劃；但當臨場遇到問題時，應變也神速，擅長見招拆招，並事必躬親。棘手問題他一定有橋，迎刃而解。

盧先生對下屬很好，但性格急、有脾氣。以前他手下多為女將，如下屬跟不上步伐，一定會被批評。但他外剛內柔，事後定會鼓勵下屬，言傳身教。與盧總工作能學到不少。下屬愛戴他，皆願意為完成工作付出額外努力。他亦熱心公益，早年為可樂公司建立超過100所希望小學，遍佈全國，造福大量山區農村幼童。目前更成立慈善團體，為臨終不願有遺憾的人服務，謂之仁。

工作以外，他喜歡學習嘗試新事物。早在十幾年前就認真學習紅酒。與他公幹出遊一定趣事橫生。記憶中最深刻是長江三峽遊，以及50周年國慶天安門檢閱活動。那些趣事至今仍歷歷在目。

盧先生寫書一事，醞釀多年，如今終於面世，書中陳述他多年經歷，風趣幽默。尤其〈吉水〉一篇，笑中帶淚，更讓人感受到盧先生胸懷的坦蕩。《識做．跨國公關「執生」智慧》內藏許多做人處事之永恆真理，實為不容錯過之佳作。

推薦序

識做 使事業境界不停晉升

曾智華
專欄作家、資深傳媒人

近年，經常有朋友界面，要求在新書中寫序。三種反應：（一）禮貌而堅決的婉拒（請勿問理由！）；（二）欣然接受；（三）對方未開口我已自動搶韁作出要求！最近有一本書，即將出版，正是第三種！

為何如此？因小弟有份「受孕」也。話說，多年老友盧炳松（BC）希望將一生經歷過的寶貴經驗——由街童到跨國大公關，完完整整記錄下來，出版一本書，讓其他有志加入國際大集團的年青人參考。

出書，在香港，說難不難，說易不易，當中存在不少錯判與計算。

BC早早將全書手稿寫好，我閱讀後，覺得極有價值。只可惜，在出版界，阿盧知名度不高，故曾拍過不少出版社的門，全部送上閉門羹，很是沒趣，真的是走寶！好！等我試！於是拍拍心口，膽粗粗搵相熟的天窗出版社，作𥅈身推介。天窗專出高質素智慧型書籍，老總Wendy Tsang一睇，掂，立即約見。三人就在尖沙嘴一間望着維多利亞海港的酒店內拍板。

替阿盧奔走很值得，不只因為大家屬多年老友。更重要，這個人，真的是個「全方位有心人」。對香港有心，對專業有心，對提攜後輩有心，更重要，對快將臨終的人，也有一份善心。退休後出錢出力，成立「基督為本基金」，四出奔走尋找個案，專為快將結束人生者圓願，讓每一位都能夠含笑上天堂。

阿盧新書名「識做」，這兩個字，蘊藏着深層次人生中的公共關係智慧。小弟也曾見證無數人窮盡一生拼搏，就是沒法成就到一件大事，正因——唔識做！BC正是因為「識做」，故能由一個飲「吉水」(店舖賣剩的湯)的街童，不斷上進，浸會傳理系畢業後，很快已成肩負採訪中英談判重任的記者。之後，事業境界不停晉升，先後加入可口可樂、迪士尼、香港賽馬會及領展等大機構出任公關總監。一切一切，全在《識做》中詳盡記錄下來，怎可不讀？

2020年10月

推薦序

他的一個心願 圓滿更多心願

王萬民
渣打銀行董事總經理、大中華業務主管
香港區個人、私人及中小企業銀行部

還記得當初在迪士尼，我的職級是旅遊銷售總監，盧炳松（BC）辦公室就在我隔壁幾間。已貴為副總裁的他，很有大哥風範，我做細嘅當然萬分敬重。往後接觸多了，更感覺BC地位舉足輕重，每每遇到公關難題，不知為何他總有方法拆彈。隨之，社會整體對迪士尼的劣評也減少了許多。歸根究柢，他的江湖地位及人脈，就是他的最大武器！

晉升銷售副總裁之後的我，跟BC的工作關係更為密切，從而也更熟悉BC的為人。還記得有一次和他出席媒體飯局，席間所有年輕記者對他都十分敬重，而BC也非常樂意跟他們分享年輕時做記者的逸事與心得。眾人包括我在內都聽得津津有味，亦使我更明白為何他在繁忙的工作裏，仍堅持到大學作客席講師培育年輕人，更把講師的收入，全數捐出以協助有需要的人。大哥在我心中的地位已不言而喻！

BC分享過，他希望成立一間專為成年晚晴人士圓願的慈善組織，以及出版一本書分享他的工作經驗及生活點滴。第一個心願已於2014年成立——他創立的基督為本基金，在短短的數年間，協助數百位人士圓願，並開展更多慈善服務。過去三年，本人有幸接手了現職公司的員工義工隊，也順理成章經常與基督為本基金合作做服務。由始至終，他的真心與魄力，實在令人萬分敬佩！

得悉大哥將完成他的第二個心願，實在感到萬分興奮！也希望讀者能透過他的分享，享受閱讀嘅樂趣，並有所體會！最後預祝新書大賣，提供更多收入予基督為本基金作慈善用途，協助更多人也圓他們的心願。

推薦序

識做走位，又寸得起的智慧

徐俊文（筆名徐緣）
營銷顧問、大學講師、Pinocchio Communications 公關公司創辦人

個人不認識 BC Lo，但他的大名在公關行頭早有聽聞，風評最簡單總結，係「寸」。寸沒有問題，我認識的商界猛人，個個都寸，有料寸得起而帶幽默感的，直情人見人愛。

《識做》記錄盧先生退休前精彩的公關人生，用體操比喻他的職業生涯，是無間斷難度系數最高的一連串F組動作：幫可口可樂重新打入大陸、為香港迪士尼及領展等淥手山芋拆彈，鑊鑊新鮮鑊鑊甘，但都完美落地高分完成。

BC職涯中每壇關公災難轉化為書中各個小單元，以及他化解的手腕與人生睿智，猶如超短篇小說 crossover 公關實用技巧指南。讀者一篇篇睇固然學到嘢，行內人睇就更代入更肉

緊，或像我朝九晚九一口氣chur完，掩卷一刻來個深呼吸，若有所悟：面對複雜的商界難題，沒一點自信與霸氣，不容易鎮得住，透過本書，上了有料的一課，我感受到甚麼叫「寸得起……有餘」。

《識做》是本半自傳作品，評斷自傳的好壞，我好著重對主角dark side嘅描寫。看過太多一味讚好的「聖人」自傳，貽笑大方程度不下於國內打飛機抗日神劇（劇中真的有八路軍建議用石頭打飛機的劇情）。金無足赤，人無完人，有陰暗面有低潮期，人生才立體真實。BC大方分享多次挫敗，如代可口可樂向輕工業部女副部長寫悔過書一役，我讀到心有戚戚。哪怕你做到幾高級幾能幹，在跨國企業如何吃得開，面對自卑到盡頭變成自大的蠻橫掌權者，動輒覺得被老外看不起或打壓的生番盲毛，都要讓步執生，避開與蠢人爭辯，退一步海闊天空。書中憶述可樂總裁事後在酒吧笑說：「這個悔過書很好玩，誰做的事我不滿意，就要給我一封悔過書。哈哈。」嚥下一口氣解決當前問題，識做走位，靈活變通，內心深處對小人惡霸一笑置之，這是對今天香港人最好的提醒。

誠意推介這本作品，給每位需要執生的香港人。

前言

「吉水」買回來的自信

香港在上世紀50年代二次世界大戰和新中國成立後，大量移民從大陸到香港定居。經過幾十年的戰亂後，雖然香港當時屬於英國殖民統治時期，但對很多飽經苦難的人來說，不失為「天堂」。這些新移民亦成為香港進步的強大力量。我正是在那時代在香港土生土長的。

我父親是在港島西區街頭十字路口賣水果的，母親是在區內的街市賣魚。我自幼就在街頭長大。在水果箱上做功課、在攤旁洗澡、吃飯及睡覺。天氣好時，熱得只穿背心短褲，甚至赤膊。下雨時，往往要瑟縮在鐵皮頂篷下避雨。冬天，總是流着兩行鼻涕吃「西北風」。不管春夏秋冬都在路邊水果攤度過。自我懂事以來，就要幫助燒水，長大一點就需要幫助做飯、看檔、搬運以及節日代送果籃。每逢節日生意好時，全家總動員，一定要輪流吃飯，假期不得休息。

我家有祖母、父母、六兄弟姊妹，以及一位親友（老婆婆）共同生活。祖母操持一個十口之家，我總覺得一無所缺。有書讀，能溫飽。穿得還算暖，也有零錢花。吃得最多，是熟透的水果。每頓飯都有母親從魚檔帶回來的鮮魚。我的街童童年還是充滿歡樂。到今天還有溫暖的回憶，特別是冬天在火爐前燒水的那陣暖意。

祖父是傳統大家庭中三房（第三個妾侍）所生的獨子。父親是三房的唯一兒子。由於人丁單薄，常被兩房兄長欺負。所以祖母堅持我父母要兒女眾多。聽說祖父是洋行買辦，經常四處奔波，回家總是將最好的帶給妻兒。可惜在父親九歲時祖父病逝。祖母來自東莞袁氏大家族，見慣世面，總算能保持大局。祖母人緣好，家有田地、有屋及荔枝園，生活還算可以。父親還可以讀幾年私塾，後來因為二戰影響而停學工作。

水果檔成長的街頭智慧

祖母深知鄉間發展有限，為兒子娶妻後，剛好戰事結束。她就變賣了一些田產，準備所需金錢，帶著兒子及媳婦，徒步兩天，從東莞步行到香港，安頓下來就開始做一些小買賣。最後決定在西營盤東邊街及第二街交界的十字路口擺攤賣水果。區內除了有大量從大陸來的移民，馬路對面是兩間醫院。一間是當年最大的產科醫院，名為贊育醫院，至今仍在；另一家則是國家醫院，已成為菲臘牙科診所。

大戰其間傷亡慘重，所以戰後每個家庭都盡量多生小孩。因此醫院在下午探病時間，人流總是絡繹不絕。整條東邊街都是排檔，有好幾家賣水果。父母都大清早起來，父親跑到水果批發市場去買貨，媽媽就到市場處理魚類統營市場運返來的鮮魚。所以全家人都自小培養了早起的習慣，即使至今，我還是六點多起床。在昔日家中，若果不是捱通宵或生病，遲一點起身就會被視為躲懶，受到弟兄姊妹取笑。

感謝上天自小安排在溫暖氛圍長大，不經不覺學到不少街頭生存的智慧，往後大半生在職場受用無窮。

那些年，每逢新年，水果檔的生意都不錯。全家都要總動員出席，吃飯也要分兩三批。所以後來吃飯的家人，餸菜白飯都冷了。大家忙於做生意，不想再開爐翻熱。這個時候總是由家中小孩到附近大馬路一家燒鵝瀨粉店去買「吉水」。「吉水」就是伴燒鵝瀨粉的湯水。店裡掌櫃只是在晚上關店前幾小時才會賣，多少有點方便貧苦人家的心。反正賣不完可能要倒掉。「吉水」買回來，泡在飯菜中，就是一碗熱騰騰滋味十足的泡飯了。那種香味真的很難描述，回味無窮。那個年代，家貧得連一碗燒鵝瀨粉也要節省，情況非今天的大眾能明白，箇中情況甘苦只有自知。

我家裡排行第三，買「吉水」總是姊姊和哥哥的任務。好不容易等到一天才由我去。我記得那天我十分神氣的拿著銻壺衝進店內，叫著：「二毛子，吉水！」。從滿頭白髮的掌櫃看來，我一定很有趣。於是在我付錢的時候，對我說：「小子，賣兩毛吉水拿這麼大的壺來，下次你不如拿一隻大籮來」，我當時真不知怎樣應對。紅著臉，拿了「吉水」就跑。

回家後，祖母果然眼利，一見我回來就問我發生什麼事。得知底蘊後，她馬上說：「下次你告訴掌櫃，二毛值多少就給我多少！我沒有叫你連鋪頭也給我，你管不著我拿什麼來！」

第二晚，掌櫃見我來就笑，又用同一句戲弄我。誰知我有準備。他聽了後，哈哈大笑說：「你這小子，牙尖嘴利。伙記，多給他一殼(吉水)。」弱小心靈的我，當然開心了很久。祖母的確精明。

不要白受攻擊　不要自短志氣

當時我不知道，原來祖母教導我的是：不要失去自信，自降身價。遇到攻擊時，不能白白接受。況且那「吉水」不是白白送你的，不管多少你是要付出的，所以莫要自短志氣。這件事上，不知不覺在以後改變我的命運，稍後詳談箇中因由。

我童年一直都很怕看檔時遇到同學，這那幾乎是不可能的願望，因為水果檔是老師同學返校必經之路。青春期時，看到心儀女同學經過，會滿面通紅；看見老師，則不敢抬頭望。「吉水」一事之後，我很快接受人家叫我「生果仔」，甚至是「賣魚婆嗰仔」。老師來買水果時，我會告訴家人：「這位是我老師。」祖母及爸爸總會少收一點錢或多給一些水果。漸漸整個學校都知道哥哥和我是誰。後來我更可以主動與他們打招呼。幾十年來，每逢回想這事，我都十分感激祖母在不知不覺中給我的自信。

後來當記者及多家企業公關時，不時面對擺滿「官威」的人、暴跳如雷的上司或同事、滿面刀疤的江湖老大、自視過高的紅毛鬼及故意刁難的客戶。腦海裡少不了湧現當年心得，使我心裡平衡很多。那份冷靜，有時令自己也驚嘆。往後幾十年打工生涯中，這份自信曾經給我無比力量，好幾次直接向大老闆「攤牌」，都收到預期效果。曾有董事局成員對我話：「我被你的平靜和信心觸動。」

港鐵西營盤站描繪水果檔的壁畫

1

從街童做到
公關一哥

1.1 父母放手 讓孩子自由自學

兒時印象最深的是一位走路有點拐的女士，我記不起她的各字。她在西區山道家中辦了星期天的兒童主日學。她的家裡很大，一群八至十個小孩在她家中聽聖經故事、吃茶點，還有很精美的聖經金句書籤和糖果帶走。她說服父親讓哥哥和我參加。父母都很樂意，難得有人代照顧小孩，可以省點事。

但去了幾次後，哥哥和我就假借上主日學為名，逃到附近的炮台山頭玩，小小年紀學吸煙、飲啤酒等等。假借上主日學的周日上午時段，我偷偷學會踏單車、到海邊偷學游水、學打籃球。事後回想，總覺感恩得這種環境及空間，竟然為我增添很多自學的機會，感覺良好。

慢慢我又發現：只要我帶著妹妹或弟弟，就可以藉照顧他們，到附近的公園，不同地方逛，就算去了整個上、下午，不但沒有被責罵，父親甚至還會給零用錢。因為家人不用分神照顧小孩，可以多處理其他果檔事務。我不知不覺中養成照顧弟妹的習慣，所以往後日子，大家自然找我討論重要家事。那段日子對我來說，相當寫意。我發現只要你「有貢獻」，你就可以爭取更大的自由空間。

1.2 有貢獻 當上教會孩子小領袖

到中學時，我就讀基督教學校，在教會活動竟然當了青年小組的領袖。於是特別能體會到這點：只要你對團隊有貢獻，別人便會服你，才接受你的「指指點點」。

學校側是教堂，中間有當年非常珍貴的籃球場，所以我整天都在教堂過。有時不夠人落場，我總是很樂意加入，慢慢波友多起來。每天下課便赤膊上陣，很晚才回家。

教堂有不少地方放有枱，可以溫書，總有一批學生聚集。由於我身材高大、混迹街頭學來小聰明，加上在街頭噪音大，說話總是很大聲，容易引人注意，所以很快當上學生團契小組的職員及團長。我的副團長十分聰明，鬼主意多，但身材矮小，說話聲音小，有點口吃，每每說半天沒人理會。他總是向我埋怨：「同樣的話，你站起一說，大家都靜下來聽。由我講他們都不理睬，真是不公平。」

教堂內同年孩子都比較單純。我帶一班人去大埔新娘潭踏單車、塔門露營及八仙嶺行山，經常驚險百出，有單車意外要由救傷車送院的，或中途休息被偷車要報警，我總是跑在前頭，擔起大家不願意或不敢做的事。漸漸大家便服從我的領導。一班團友幾十年來，每每相聚時就談當年情景，讓我深深感受，人家服從你的領導，你一定要「有所貢獻」。

1.3 兵行險著 採訪香港回歸鬥搶新聞

我於浸會傳理系畢業後當記者，兩年後升上《英文星報》採訪主任。在八年記者生涯中，最難忘當然是採訪香港前途談判。九七回歸廿多年回頭看，那是我打好公關基本功、最好的日子。

1983年中英談判香港回歸祖國之前，沒有中央政府駐香港的聯絡處，所有事務都交由香港的新華通訊社處理。其實它亦分為大新華社及小新華社。大的是處理國家層面的事，即中英政府間的事，小新華社才是搞新聞報導的。

破天荒准港記者採訪祖國

大新華社破天荒首次邀請香港新聞界代表到北京採訪，讓中央也摸一摸香港傳媒對香港前途談判的看法。主辦機構說明一定是採訪主任級才能參加。這次採訪後三個月，就是英首相戴卓爾夫人見完鄧小平後，在北京人民大會堂前絆倒的事件。

首屆香港新聞界訪問團，團長是當年大新華社的徐景華大姐，副團長是當時《大公報》的副總編輯曾德成，他就是後來曾任香港特區政府兩屆的民政局長。

由於《英文星報》被定位是反動派，所以新華社以沒有機位為由，安排我遲一天去，還安排了當時《大公報》的採訪主任萬民光陪同，同住一房間。老萬經常發開口夢，我常開玩笑告訴他，夢中泄露國家機密，我本於愛國主義，就扮作聽不見，令團友笑到翻肚。不過這個訪問團，令我們那一輩記者維繫了幾十年的感情，後來組成83同學會，現在還經常見面。

作為記者，你都希望能第一時間到現場，從頭到尾觀察整件事，所以在遲了一天到達，心理上總是不舒服，希望插了一對翼飛到現場。所以當到達北京後，我逼著老萬直奔大部隊所在的北京記者協會現場。當我第一時間衝入會場時，會場特別安靜，當時天氣熱，現場沒有冷氣，只有天花頂上的幾把電風扇慢慢轉動，有人站在前面講話，不少人睡着。

衝前追問袁木香港前途

我發揮我的突發記者本色，拿著相機不停的拍了近十張不同角度的相片，想不到這些閃燈的光芒，竟然弄醒了所有行家，有罵我的，也有向我打招呼的，一時間會場馬上活躍起來。我坐下聽演講，由於我當時普通話並不靈光，聽起來十分辛苦，後來才知道演講者是國務院發言人袁木。當漫長的演講結束後，大家提問，其實我在飛機上已經想好，其他政治問題，我的讀者不會有興趣，但香港不少人是在50年代、共產黨成立新中國時隻身偷渡來香港的，往後不少政治運動，還有文化大革命其間，不斷漂流到香港的「五花大綁浮屍」。香港人「恐共」心理，當時實在很深，大家所關心的是：中國收回香港以後，會不會實行共產主義。

所以當大家問完問題後，袁木正離開時，我衝前問他在中國收回香港以後，會否實行共產主義。他當然被我嚇得要死，死也不肯正面回答，速速離開。大家都知道這是香港人最關心的問題，所以袁木走了，我就高聲說：「今天我有頭版頭條了，中國會收回香港後，實行共產主義，國務院發言人袁木在本報記者追問下，未予否認。」這是兵行險著，若果我自己寫的話，新華社可以說是我聽錯，但在我高聲說出來以後，20多位採訪主任，尤其是《東方日報》（當時還沒有《蘋果日報》），一定不會讓我獨家。團長徐大姐及副團長曾大哥馬上叫大家冷靜。

記者人脈 帶到公關事業

但一眾採訪主任哪肯罷休，大家一擁而上，對著團長徐大姐及曾大哥高聲叫道：「我們都是採訪主任，已經兩天過去，單發一些軟性花邊新聞，今日不寫稿如何向老闆們交代。」我相信當時徐大姐及曾大哥一定想殺了我，我見好就收，故由時任《東方》採主的何文瀚兄及《成報》當時的採訪主任鄭明仁兄頂上，我站在後面靜觀虎鬥。

最後還是曾大哥夠冷靜，他提出大家以書面提問題，整合七條以書面答覆，務求準確，防止類似我這種記者，以「富有創作性」的方法去演繹、斷章取義。我登時心服口服。

後來我才知道，曾大哥就記者提出的問題，交外交部高幹容康草擬答案，並即轉達當時病重、身在醫院的港澳辦最高負責人廖承志審批後，才發給我們。回應大致是派定心丸給香港人，中國會保持現狀。這是香港前途談判序幕戰的首份中國官方答覆，曾大哥手裏還保管了手批原文，若果他日成立香港回歸祖國的紀念館，這份文獻一定要好好保存，以教育後人中國領袖的前瞻智慧。當曾大哥將文字回應派給我們時，大家都高興拍手，一場發稿的爭奪戰馬上展開，來個你死我活。

當年北京與外地通訊只有中文電報、英文電報telex及電話，我們都在北京飯店住，全層樓只有一條長途電話線，大家都只能坐在房間內等長途接通香港報館，我在商務中心寫了英文稿及打好telex，服務員說代我撕下來，再打一次，看過稿件後，往香港送。

由於《英文星報》印量小截稿遲，所以決定由《南早》及《虎報》先報，我只能等到最後，其間何文瀚及鄭明仁吵架，互相指摘對方插隊，險些打起來，最後知道誤會一場才握手言和。阿仁更中間假扮電話接線生打到我房間，戲弄我一番。

我在午夜後才接通電話，原來發回去的稿件亂了碼，幸好後與編輯弄清楚，當搞好整份新聞以後已是凌晨兩點，我跌在床上昏迷過去，只是半夜還給老萬的開口夢吵醒。其後一行人轉去常州及上海，各報章時有搶新聞的情況，《東方》何文瀚更在大部隊去上海途中開小差，偷偷跑去浙江訪問後來到香港履新的前新華社香港分社社長許家屯。

由搶新聞到摯友

以後的新聞對我來說都不太重要，但我們這幫記者同遊了近兩個星期，彼此關係很好，往後30年到今天，我們經常相聚。在30周年，我們幾個人更舊地重遊，由曾大哥帶隊懷念一番。

在整個團隊中，當時是《財經日報》創辦人之一的黃揚烈兄，更將兩周的所見所聞，每天在他的〈新聞眼〉專欄中爆料，大家都靠香港發回來的消息，爭相傳閱。

那次可算是中國改革開放後，第一次讓香港記者較公開的採訪，我們見了美心集團與中國第一個合資企業（牌照號碼是第一號），先設立北京機場供應外國航班的餐飲，又在該集團旗下設立的「世界之窗」國際會議俱樂部吃飯。俱樂部位於當時北京著名的中信大廈頂樓，中信大廈當時是棕色外牆，北京人叫它是朱古力大廈。

我們一行坐火車到常州再到上海，在常州我病了，留在賓館兩天。到上海是當時的市長汪道涵接見，地點就是外灘的前匯豐銀行大廈。汪市長還安排我們會見了解放前的桐油大王，煤油大王等等，其中亦包括榮毅仁等等剛剛獲平反的前資本家。我們更有機會往和平飯店，聽聽當年在文化大革命後倖存的爵士音樂家，他們都七老八十，還很享受爵士樂演出，看見他們忘我表演，自己亦沉醉其中。

這次兩星期的相處，令我們彼此都有了不少的互相了解。大家在你搶新聞中間的明爭暗鬥、互相爭長短都顯露出來。

廿多年後我加入迪士尼樂園為公關副總裁，我相約當時一批骨幹分子重聚，經過幾次飯局的商議後，終於組成83同學會。差不多40年後我們還會每年起碼聚餐一次。當然當年團友中亦有好幾位巳經跑完人生旅程了。不過我每次回想，還是佩服黃兄獨特的新聞觸覺，我及後着人到香港大學圖書館影印全套當年〈新聞眼〉的「隨軍手記」，供團友懷念一番。

如何打好人情牌

這個唯一由中央統籌、首次邀請香港新聞界骨幹人物訪問「祖國」的採訪團，被指「前無古人，後無來者」。對於一個後來從事公關的我來說，也是一個「前無古人」的建立人脈機會。往後日子裡，我不知多少次深夜打電話給這些老總，他們都不會不接，當然一開口便一輪粗口問候。他們都說作為老總，只會信自己記者，能夠親自聽到另一方解說，即使未必同意，但會清晰不少。

有一位老總一開口就說：「你不用講了，我不會因為你打來就不登這段稿。」我即提醒他我也曾經是多年記者，亦非常痛恨老總殺了自己的稿。我致電的唯一目的，希望不要將我方回應放在最後，這很易不小心被刪除。他即笑著說：「這個合理，可以做。」第二天報導出街的殺傷力已大減。

有一位老總會說：「人人都攻擊你，我已選擇不開口，你應該心足，不要再游說我你多合理了。」我心裡都萬分感激。事後總會找機會當面致謝。我深知不能「無事三寶殿」的。

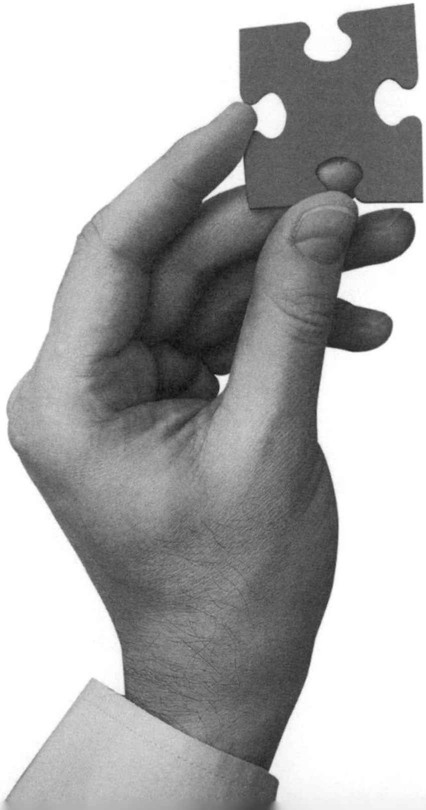

1.4 為大局 公關代簽「悔過書」

後來到可口可樂公司工作15年，有幸其中八年為副總裁。在我應付的「關公災難」中，最難忘的一役是用悔過書化解女部長的脾氣，一班領導的飯局如期進行。那種令不少人讚嘆的「勇氣」，其實多少是源於「買吉水」的自信。

那一年是青島可樂廠開幕，當地市政府很重視。因為青島早於1905年已有嶗山礦泉水廠，並且在40年代與可樂合作，生產可樂。49年離開中國，事隔近60年重返青島，對當地開改革招商引資都有重大作用。當時市委書記是俞正聲，曾任建設部長，後來成為國家領導人級的政協主席。

當日代表公司是時任國際部總裁杜達富，我接了他送返酒店後，再到機場等候主禮嘉賓，是輕工業部女副部長，在開幕前由市政府宴客。

一句話激嬲部長

由於是市政府統一處理，所以由政府安排的小巴在飛機旁邊等着接送。本來她上小巴時都笑著的，誰知道市政府在場一位官員失言，他說：「不好意思，小車（私家車）都用去接老外了」。這一句話害慘了我，女部長馬上發脾氣，部裡負責她行程的外事司司長也不知所措。

小巴一到酒店，她頭也不回就衝上房。等到傍晚該出發去市政府出席晚宴時，她通過下屬說不去了。這下弄得大家都僵了。我本來先安排公司領導去，但杜達富很有風度，尊敬輕工部領導，說大家要等部長來一起去。

我當然要想辦法解決。最後輕工部外事司司長說：「你如果肯寫一封悔過書說安排不周，我去說服部長下來。」我身邊很多其他同事反對，認為不是我們錯，萬不能白白背上黑鍋。「可口可樂是國際大公司」、「對公司『聲譽』受損」，更有說「以後如何抬起頭來『行走江湖』」。

我心中盤算，市政府對我今後生活不會沾邊的，自己不是政府官員，老闆亦深知事件始末，如我這封悔過書，能盡快解決問題，沒什麼大不了，往後最多被人取笑，傷不了我「筋骨」。

於是在我同意後，司長即用白紙寫好，我簽字，內容其實很空泛，不過給部長消口氣。悔過書送上去不到幾分鐘，女部長就盛裝下來，大夥兒在公安開道車引領下迅速到宴會地點。

由於我肯寫悔過書，市委書記亦知道這事，講話及晚宴席上都給女部長面子。輕工部及市政府官員亦心知肚明，晚宴後期，不少人過來敬我酒。

「這個悔過書很好玩」

晚餐後，總裁請一行同事到酒吧，他還叫我坐他旁邊，對一眾同事說：「這個悔過書很好玩。我明天回亞特蘭大（總部），會吩咐團隊，誰做的事我不滿意，就要給我一封悔過書。哈哈。」他顯然欣賞我能嚥下這口氣，為大局著想。

第二天開幕典禮時，各方人員都打醒十二分精神招呼她。儀式後女部長要趕回北京，我們還有一連串會議，團隊中人向市政府爭取，安排了公安車開道，一直閃着燈號送她到飛機旁，飛機起飛後，大家才鬆一口氣。

我們與該部長及其下屬其後經常有業務來往，不能不說這事之後，大家增加了點點信任。後來中國在加入世界貿易組織前改組，才取消了輕工業部。回頭望，這一紙我已記不清內容的悔過書，真的起了很大作用，化解僵局，令各方面都有下台階。

這次我學懂了：個人榮辱並不重要，只要你真想解決問題，其他人是看得懂的。問題是你有沒有勇氣去把握這個機會。這當然又是自信所產生的力量。

01 從街童做到公關一哥

1.5 面試「有火」打動迪士尼主席

我在2001年拒絕隨可口可樂中國公司將總部搬上海，剛滿15年服務，獲准提前退休。不過沒真退，隨即成立自己公司，後來為香港賽馬會當顧問，更有幸參與百年一遇的機會——成功爭取奧運馬術比賽在香港舉行。那其間，我進修品嘗葡萄酒班，並且考完中級及高級文憑品酒試。於是，藉馬會與我續約前的空檔，到在英國倫敦的世界餐酒及烈酒教育協會，考品酒師試，這個資格能在香港開班教品酒。

我在一個寒冷的晚上到倫敦，入住協會旁邊一所酒店。頭一天的考試，分數不錯，成功獲得品酒師牌。

獵頭公司邀請出山

但當天晚上返酒店後，一位獵頭公司女士在我的朋友介紹下，打電話給我，她費了三寸不爛之舌，要說服我重出江湖，為當時剛落戶香港，但水土不服的迪士尼樂園工作。因為在幾個月前的農曆新年，人多迫爆樂園，迫得要關閘。但國內同胞不肯走，爬牆進園，樂園的應對不好，最後總裁出來聲淚俱下道歉，還是引來劣評，很多人因此杯葛不去。迪士尼出盡一切手段都無效，要找人去拆彈。

對於我來說，服務美國人近廿年後難得再出山。自己覺得應該能應付，因為是記者出身，各間報社及新聞機構的頭頭，不少是我當年的戰友，我有一定的優勢。加上自己這幾年的經歷，深深明白理財是我的弱點，還未夠功夫勝任老闆，或許打工可以較為專心。當然在那種危急的情況下，我相信迪士尼亦不會給我太差的待遇。我整晚都在想這件事，當然睡得很不好。

第二天返回試場，由於不夠精神，我表現極差，沒有拿到資格開班教人品酒。當我十分沮喪地返酒店之後，獵頭族女士又打電話來，說已與迪士尼高層談過，好話說盡。她又表示迪士尼總部團隊剛在香港開會，公關部最高負責人答應延遲返回美國的時間與我見面，但我要馬上趕回香港。我人在倫敦，星期五晚改機票，周六上機，周日返港，周一面試。

見完迪士尼公關一姐後，分別在香港及美國要見40多人，歷時近三個月，是一次難忘經歷。

首先見的是香港樂園總裁及人事部副總裁，兩人對我在可口可樂的工作有很有興趣。接著不斷安排見樂園現職副總裁級主管，以及駐港的亞太區高管團隊。最後更給我機票到加州荷里活北Burbank、迪士尼總部，與不同主管面談。

「我不再花時間面試了」

單在美國加州面試就花了三天，加上來回旅程時間整整一星期，其間還加插到加州迪士尼體驗。最後周五快下班去機場返港前，見全球樂園度假區的主席。他的問題都是我預料之中，面試將完，他照例問我有沒有問題，我告訴他這是一個漫長的面試過程，面試的時間對我作為顧問來說是不小的代價，我不知道公司對我有何不放心，希望這是最後一個面試，要不你請我，要不我不再花時間面試了。

換上是亞洲人老闆，我極可能自己一手毀掉這個機會。但我看得出，當時迪士尼處於困局，他們需要我多過我需要他們，故此我孤注一擲。這一著成功，他呆了一下：「你返回香港後，公司會有人接觸你」。果然，我返香港後，一下機開電話，即接到獵頭族打來，經過幾番討價還價，就踏上了我的八年——為米老鼠拆彈的生涯。

事後有一次主席來港開會，我與主席私交不錯的樂園集團首席財務總監晚宴後落酒吧。不知怎樣，他竟談到我首次見主席。

他說主席見完我後，跑到他辦公室告訴他：「此人（說的是我）有火（have fire），應該可以搞掂香港的事。」聽到這話，當時腦海裡面又再感謝祖母在天之靈，不枉當年的教導。

這位主席十分有計謀，我參與他幕後策劃、與港府就香港迪士尼擴建的周旋，令我十分佩服。可能我給他印象不錯，他對我提出的方案都很支持，令我短時間內為樂園「止血」，大幅減少負面報導。後來他因為爭上迪士尼集團二把手輸了，跑到別的國際公司去當頭頭。

1.6 老闆董事前 啱就企硬

我在可樂、迪士尼及領展工作其間，都試過在壓力下企硬，總結出來的心得就是：別把眼前工作職位看得太重，別人看到你太注重，會一步步迫上來。

在迪士尼時，有個下屬將我與幾個手下頭頭討論的事告訴總部頂頭上司。我查證後，將「二五仔」投閒置散。上司阿姐打電話來興師問罪，大有天塌下來似的。我淡然的告訴她，你請我來辦事，我就要有權力去解決問題。若果你不同意，我現在可以馬上離開，不會向外說，亦一定不會「唱衰」你或公司。

她也是聰明人，馬上轉換話題。從此大家都沒有為團隊成員升遷再有爭辯過。

在可樂時，我因工作關係與美國大使館不少往來。一天老闆告訴我要出一封工作證明給一個國內高幹女兒，以便她申請出國。

我了解事情底蘊後，發覺這是徹頭徹尾的做假。美國大使館人員不是窩囊，他們一與總部核對，就馬上露馬腳，到時我很有可能蒙不白之冤。當我拒絕時，老闆發很大脾氣，他說自己答應人家，我這樣令他很沒面子。最後我迫得告訴他：「你再迫我，我會向總部『爆大鑊』。」因為這是違反公司管理層每年規定要簽的「道德守則」。老闆後來冷靜下來，深知我為公司利益着想，這事不了了之。

別把份工看太重

在領匯工作時，每年都要加停車場租金，商場亦要加，過去很多年都有人來公司示威、燒黃紙、撒溪錢。我接手後建議企硬，因為香港停車位不夠，示威者吵完，還是要回來泊車的。

結果一如所料，示威者人肉封電梯，更進佔公司接待處。管理層急了，當我與上司單獨討論應付步驟時，他竟然要讓步。我當時企硬，輕聲說：「你可以這樣決定，但我做不下去，會馬上離去。」

結果因為企硬，眾多參與抗議的車主發現花了整天時間都沒回報，結果以後便不來了。

識做語錄

Don't come to me with problems, come with Solutions.

「不要只帶來問題，把解決方法一齊帶來。」

我感恩有一位好上司，是他請我入職可口可樂的。我上班沒幾天，他帶我去北京開會，會後他會問我觀察到什麼，因為我懂國語，往往比只靠翻譯的老外知道更多內情，上司好謀，大老闆有重要事，很多都願意交給他辦，一直升至全球對外關係副總裁。這樣的他教我的第一課是：不要只帶來問題，要將解決方法一併拿來。我聽時醍醐灌頂。因為看到問題的人一定很多，但你同時提出解決方法，盡管不完美，都反映你有下工夫，老闆多數會欣賞。往後，誰來向我要錢要人要資源，他都要提解決辦法，還要有plan B與plan C。

2

從公關木人巷走過

2.1 時代變 公關工作不變

我在1974年進入浸會學院傳理系時（其後在1994年正名為「浸會大學」），清楚畢業後可以做記者，對公關一無所知，開學後才漸漸明白。第三年選科時，就進入了「公關與廣告」專科。

記得近50年前上「公關導讀」（Introduction to PR）時，老師告訴我，銷售業者大多認為「正統的宣傳」是賣廣告。到當廣告成本升得高時，有一些人轉而靠與記者相熟，去製造一切新聞宣傳，得到很多報導，宣傳效果很好。漸漸很多消費者對廣告都有懷疑，大多以為他們都會語帶誇張，甚至做假。相反，一般人都會相信新聞，遂有「低投入高產出」的好效果。

廣告界公關界不咬弦

廣告界因此都不喜歡當時冒起的公關從業員。拳賽規定上場時，不能襲擊腰帶以下的部位，否則犯規。廣告界貶公關活動為「below the belt/line」，即是「打腰帶以下」之意，暗指不光采、出茅招。

但時移世易，有更好的成本效益，公關自然很快盛行起來，今時今日已有很大進化，並且跨越不同的界別。任何老闆都喜歡手下有人能代解決問題，所以討論銷售與廣告，或其他部門功能的分界，意義不大。幾十年來公關生涯一些總結：

1. **營銷公關**。協助營運及銷售，包括協助建立品牌，擴大廣告宣傳效果，發布產品上市、促銷活動等消息；更有成立會員、粉絲俱樂部等。
2. **樹立及保護公司聲譽**。世界上很多同類物品，都會有不同競爭者供應。不少市場調查亦發現消費者往往因為不喜歡某公司的某行為，因而轉投對手產品，所以公司的聲譽很重要。當企業有上市計劃，不利傳言與企業高層錯誤，會影響股價。股神巴菲特就曾經因此炒了一間我工作過的上市公司主席。所以現時很多上市公司都有投資關係處理及風險管理團隊等，公關往往是他們的重要夥伴，為之出謀獻策遮風擋雨。

3. **公關與民意**。當今國際政治角力往往影響市場，有時躺着又會中槍。中美多年來角力，在華美資公司都深受其苦，所以公關工作包括解讀民意走向，避免捲入其中。在我為美國人打工四分一世紀後，深知很難避免，只有見步行步，然而預先準備仍是非常重要。

4. **公關與員工士氣**。我曾經工作過的迪士尼及領匯都經歷過，部分員工不敢告訴家人朋友自己為誰打工。因為一開口，不少人都遭破口大罵。所以公關如何化解員工心結至為重要，因為員工若果以公司為傲，流失率低，士氣如虹，就更會吸引有能之士。

5. **危機管理**。一般要拆彈，就是公司面對影響人命、財產、聲譽等危機之際，即時要採取的行動，以減少損失。這本書在往後有很多例子。

6. **公關與政府關係**。在亞洲國家，尤其在中國，熟悉政府政策，知道如何避開踩雷，是業務營運及拓展的重要一環。港府擁有的香港迪士尼樂園股份超過一半，所以公關必須處理董事會業務，更要協助游說立法會議員，投票支持政府擴大投資。這是公司業務發展重要一環。

7. **公關與公益慈善**。現時很多公司已經改稱這類活動為「可持續發展」，的確較能反映現實。因為公司花了資源在相關活動，用意都是能「繼續發展」。現時最新名字還有ESG，

即「Environment, Social and Governance」，即是「環境、社會和企業管治」。

8. 監察媒體報導，以便適時及應對合宜。這是最基本的公關工作，早年靠剪報，近年新的社交媒體不斷出現，很多公司都委託事業人士代勞，但單有曝光還不夠，要部署合適的反擊，包括聯絡網紅背書、澄清與論誤會等等。這都因為社交媒體變化，迅速提升其重要性。

上述只是一些大綱，往後以很多個案說明。

我（右）在《英文星報》採訪部。

2.2 太快上位被圍攻

我在浸會傳理系選修「公關與廣告」，快畢業時，分科系主任對我說：「若果你想在公關界發展，最好先做記者，打好基礎。不過你要給自己劃一條線，若果兩年後都未升為小嘍囉，你就不要白花時間，趕快入返行。」這句話在我腦海多年未忘，受用非淺，一共做了八年記者。的的確確在這段日子打好基礎，往後受益30多年。

我當了一年多記者，因為祖母病逝傷心不已，所以跑到香港家庭福利會當公關。認識我太太後，在同學介紹下轉回記者行列。進去《英文星報》當高級記者，人工相對中文報紙多了一大截；兩個月時間就升為採訪主任。

那時《星報》集團原老闆已退出，被星島集團收購，並由星島集團的人去營運。我的總編是馬天尼Ken Martinus，在馬來西亞的英文報紙做了一段時間，開罪高官才到香港來。慢慢就接手總編輯，他與英國來的採訪主任不和。一次他們爭吵以後，老外採訪主任就走了。

一天我甫返工便被召到老總辦公室，我事前茫無頭緒，傻乎乎的入去。豈料他說決定升我為採訪主任。當時大約有20個記者與編輯。我天真地以為安排採訪及發掘新聞對我來說，並不是難事，很快就答應，還沾沾自喜，終於在踏出校門的兩年後，當上小嘍囉了。

點解甘心做棋子？

很快殘酷的現實就來了，先有記者不服，每逢分配工作，總要爭論一番；有人遲遲不交稿，更聲大夾惡；要他增補資料，他會在你不留意時快閃下班。攝影班記者最霸道，動不動就說某些採訪分配不到人手，拒絕派人與文字記者同去。那段日子左右受敵，編輯不斷追稿，十分難受。不過好戲還在後頭。

原來總編早已答應管理層要精簡人手，做「刀手」的人選中，他選我，防止老闆找洋採主壓他。我只是他的棋子。

我上位不久他就告訴我要炒人了。當時我手下有十五六個記者，公司要炒五人，約三分之一。我當時並無選擇，只能從命。原來他早已觀察一段日子，名單都準備好，只是借我的手，出面炒人。我盤算了一下，若是我不照辦，就要離開這個好不容易得到的位置，我心有不甘，唯有照辦。

作為採訪主任，你九時多就要上班，因為當年下午一點截稿，兩點要印晚報，趕及四點前送到報販手，讓放工的人能在回家途中看到你的報紙。每天兩點開印後才可以出去吃午餐，三點回來就為明天的頭版努力，所以我與電台、電視台及晚報「坐館」，即採訪主任或副手很熟，大家每天多次通話。反正《英文星報》當年是唯一有晚報的英文報章，很多新聞大家都互通消息，在四年半的採訪主任生涯中，我發展的人脈關係，在我以後的日子裡，受用無窮。

雖然我早知記者只不過是天天被人利用的工具，但各取所需，我還是甘心樂意，十分享受，活在自己的天地裡。

2.3 第一份美企工作：奧美公關

待遇較好的記者，都是能自己挖新聞，做獨家報導的記者。他們新聞觸覺較靈敏，有一定的人脈關係，便能查出事件背後的來龍去脈，暴露關鍵細節。這類經驗較佳的記者能掌握事件的新聞性——讀者喜歡看什麼。還有他們熟悉競爭對手，就是哪一家報社、哪一版、哪一位記者或編輯的喜好，所以宣傳點子命中率高，這種特質是很多公關公司樂意挖角的對象。

記者轉到公關後，最好先到公關公司。因為公關公司要有利可圖，往往以一組人負責多家公司。一來不同公司、不同行業讓新人大開眼界；同時在高壓力下，不斷逼出創意與多元的產出。

我第一次為美國人打工是從報館記者轉到公關行業。我在1984年加入剛成立的奧美公關（亞洲）公司。當年因為《英文星報》關門，老闆只安排幾個人調到《星島日報》海外版，後來改名為國際版。當年的《星島》英國版總部在倫敦，歐洲版在法國巴黎，美加版在三藩市、紐約、溫哥華及多倫多，澳紐版在悉尼。80年代初期資訊科技沒有現在發達，所有副刊及娛樂新聞都是輯自當天的《星島日報》。日報當天做好，菲林開機印刷後，經空郵送往各地，所以都是遲一兩天的。

新聞就要快一點，所以《星島》以自己的衛星安排，每天九時上班以後，就要選好國際及香港新聞內容，用衛星按不同時段傳送到各辦事處，海外同事收到隨即做版開印。若果有重大新聞就要等到最後截稿前送去，當地有時加上自己本土新聞。80年代初期，有不少香港人開始移民，他們要買樓、車、保險、找人保養物業花園等，所以《星島》很暢銷。

這份工作到底與以前不同，不是站在新聞前線，少了很多刺激。我偏偏是個閒不住的人，所以開始留意有沒有新的機遇。另一方面，這也不是我一輩子志向所在。不過這份工作使我有機會近距離接觸報業巨人——星島集團當年老闆胡仙小姐。

老闆當時告訴我，星島打算擴張溫哥華業務，分擔國際版的大部分工作。我與太太商量後，覺得還是留港發展。我同班同學一家就移加當老總，發展很好。

利字當頭 目標清晰

香港奧美公關前身是一間由一個香港資深公關泰斗Michael Stevenson所創辦的。Stevenson在公關及新聞界響噹噹，無人不識，他個子六呎高，橋特別多極富創意。他有非常濃密的眼眉，配上大大的眼睛，你很容易就認出他。我當記者時因採訪他的客戶，曾經接觸過他。但當我加入奧美前，他將公司賣給美國國際奧美集團下的奧美亞洲公關公司。交易完成，他心臟病逝世，我與親身見證他工作的機會擦身而過。

奧美總部從美國紐約總部派來了一位同樣身高六呎多的行政總裁，年青英俊，要求很嚴，當然是利字當頭。公關公司內分幾個小組，他每周都有一兩次跟眾人開會。他說得很明白，公司一蚊請你回來，你就要為公司賺三蚊，所以公關顧問的工作是盡量令到你的客人去花錢，目標明確。

我從他身上學到的第一招是「清晰的目標」。以後我到了可口可樂也是這樣，到我在香港迪士尼樂園、領展及慈善團體工作，我也盡可能讓自己的團隊有一個清晰的目標。

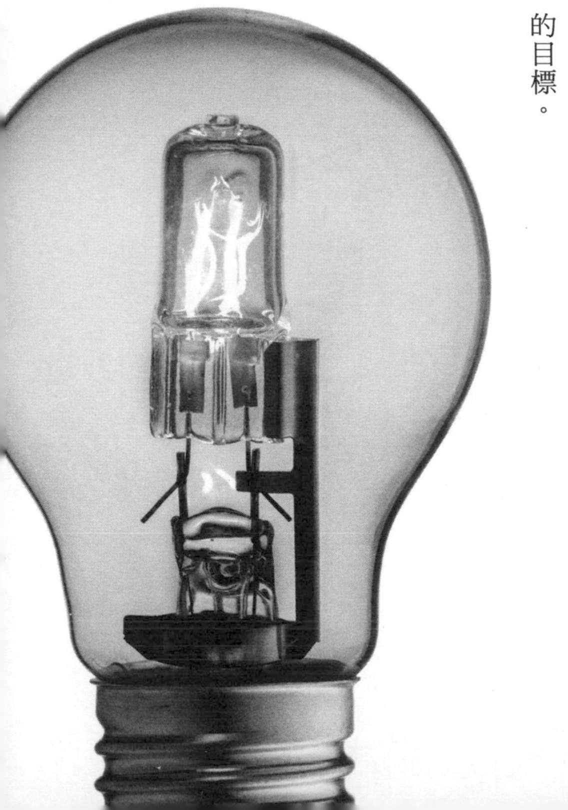

2.4 爆創意兼學企管 Brainstorming

我進入美國公司，第二個功課是「腦力激盪」（brain-storming）。為了度橋去令客戶投資更多的錢在公關方面，我們每周幾次做腦力激盪，各組以不同組合去做。若果是大計劃，公司全體除了秘書，都要參加。對我一個從報館過來的人，這確實是非常好的腦部運動。頭一兩次大會，已喚起我曾在民政處開監察民意會的片段。這些會議反覆鍛煉自己思維，

從中我學到該說甚麼，不該說甚麼，何時該說甚麼，奠下我往後30年的企業管理觀念。

令報章採主樂意幫忙

回想起來，那段奧美日子屢有令自我感覺良好的佳作。當時屈臣氏集團是我小組「湊」的。他們推出一種小玩具，像郵票大小，放在水中泡兩天，便會長成一隻小貓一樣的恐龍，認真好玩。

我想到在報館的日子，除了看報、電視及雜誌外，無聊時候常常找同行講電話吹水。若果案頭放著一個小魚缸，看到小恐龍幾日間長大，一定會覺得很有趣。這個計劃在腦力激盪會中，進一步豐富細節，我們並且準備不同時段的精美照片，加上一個塑膠小魚缸，因為記者案頭通常很亂，有不同的報告及剪報資料，所以魚缸大小很重要，不能太大，不要妨礙工作。

我選擇了下午三時左右送上各報館，因為晚報主任兩點下班，剛趕完截稿去吃飯，日報主任很多時就在那段時間上班，或者應約去了午飯回來，心情照例較好，手頭工作亦較少，離五六點鐘的編採會議還有一段距離。我亦在那段時間，逐一打電話：「我到了奧美。這是小弟第一個計劃，有沒有工作就靠你了，請大家幫幫忙。」並且教這些主任如何放水去小魚缸等等，結果全香港大小報章都刊載這則「新聞」。很多主任都在報館有自己的專欄，笑談這件事。這個在屈臣氏獨家代理的發水小小恐龍自然很暢銷，部分分店斷貨，賺錢自然不少，我當然沾沾自喜。若干年後，當年一起跑新聞的朋友，大家茶餘飯後都談到這件事。

記者報料 及早處理危機

中國古語道：「福為禍所依，禍為福所起」，真是千真萬確。年青的我當時未知這句話的真正意義。

發水恐龍賣斷市，香港商人馬上動腦筋，從台灣進口大批冒牌貨，原廠貨是日本製造的，當年的台灣可說是全球翻版最快的地方。日本貨由於當地的消費法案較嚴，會在小恐龍塗上一層保護膜，若果小孩子誤吞了小恐龍，保護膜一受到孩子胃酸影響，就不會膨脹，還會很快從大便中排出來；相反，台灣翻版貨則沒有這層保護膜，因為這層保護膜是很貴的，翻版貨要賺盡一切利益，自然能省就省。

在我自我陶醉時，一個記者打電話給我，說台灣已發生第一宗小孩子誤吞小恐龍的個案，小恐龍在肚子內脹大，要動手術取出來。我嚇得魂不附體，馬上接觸屈臣氏負責這項目的女士，她很詳細交代箇中情況。因為屈臣氏集團也相當大，他們進口玩具都要經過相應的國際評估及品質保證，才會在市場推售。我放下電話後，即刻草擬屈臣氏的聲明，並再致電採訪主任，半笑半罵的去澄清這件事，一場本來熱哄哄的風波，第一時間搞定了。

我的小組還為怡和商用器材服務，該公司的某日本牌子電動打字機開始滯銷，希望能辦活動促銷宣傳、增加曝光。

2.5 先諗銷售對象 再諗好橋

現今年青人可能不知打字機是甚麼，在電腦大規模生產前，所有商業文件，都要靠打字員或秘書小姐打出來。打字機當時已用了很多年，有機動的，亦有電動的，還有自動改字功能，不過與電腦相比，效率還是差很遠，若有個別錯字，往往要全篇重打。

電動打字機的重要用戶是秘書小姐及打字員，所以我們在腦力震盪會中，集中討論如何吸引這個以女士為主的群體。多番討論後，我們決定向客人建議，在香港中區白領最多人流的置地廣場中庭舉辦一次24小時打字比賽，用以籌款行善。每參賽隊伍最多由四人組成，每間公司派出的隊伍不限。

由於首次舉辦亮點多，並且在同屬該集團的置地廣場舉行，規格相當高，佈置亦到位，各大公司更派出啦啦隊、後勤支援，送飯送水，結果在媒體及實際的口碑都很好，宣傳效果不錯。但一班秘書小姐體力透支很大，辦了一次便沒有承傳下去了。

累死秘書與人狗行大運

我們有一客戶是賣狗糧的，一般宣傳伎倆不奏效，譬如我們不能辦吃得快或吃得多等等活動，活動又要吸引狗主人等。最後我們想了一個不錯的點子，就是人狗行大運，為公益金籌款。

我們發現，很多狗主當寵物為兒女，經常都會花錢打扮，甚至與毛孩穿親子裝、主題打扮。這群人的消費力很強，中間更有不少明星及達官貴人，若果辦成慈善活動，對他們更吸引。於是我們舉辦了「人狗百萬行」，先向政府申請封路，在一個星期天的上午，在港島山頂的盧吉道，環繞山頂一圈，步行約45分鐘，活動大約在一個半至兩個小時內完成。籌得的善款轉交當時名為皇家防止虐待動物協會，即現在的愛護動物協會。

人狗行大運十分成功，參加者與毛孩打扮得花枝招展，更有不少明星及名人參加，見報率便高。客戶高興，口碑亦相當不錯。想不到30多年後的今天，這個活動一直辦了下去，現在的規模當然大多了。在好幾年前主辦者已將舉行地點，改在迪士尼附近空地，因為地點較寬闊，附近樹多，車少，空氣好。

主辦者已愈來愈熟練，現在年年都有三四千隻狗參加，參加者也有四五千，還有專門的清潔隊，清理狗狗沿途的大小二便，相當衛生。迪士尼每年都派出卡通朋友高飛狗參加開步剪綵。活動完結後，迪士尼更協助主辦者向政府申請在附近舉辦大型的活動。活動前後，由各寵物用品供應商擺攤位，現場成為了一個寵物用品嘉年華會，即可做慈善，又可做生意，狗主及狗狗都能盡興，所籌得的善款也是捐予愛護動物協會，為流浪貓狗做絕育手術，香港每年就增加了不少貓狗太監。

2.6 險些送鐘給李嘉誠？

在奧美其間，我亦看到幾次中外文化差異的事件，可幸每次都有驚無險。

屈臣氏集團在解放前，已經在北京、上海、廣州一帶取得很大的發展。新中國成立以後，只能跑到香港來重張旗鼓。集團內以英國人主政多，但隨著華人經濟實力冒起，屈臣氏集團落入李嘉誠先生的長實集團手上。

當年屈臣氏集團大老闆是韋以安，剛從英國來，集團的百佳超級市場在其主政下發展很好，從幾間發展到100間，韋先生於是想送一份禮物給老闆李嘉誠祝壽，希望不時提醒他多關照百佳集團，並紀念百佳第100間超市開幕。

老韋的團隊亦是以老外為主，他們竟想到要設計一個「百佳」時鐘送給李嘉誠，讓他放在案頭，該設計的確十分精美，但就在他打算送禮的前幾天，團隊在一會議中偶然聽到，不禁為老韋心寒。廣東人（尤其潮州人李先生）都知道，我們萬萬不能送時鐘，因為這在廣東話裏與「送終」（即送死人上山下葬）同音，是極不吉利的事。我們不能白白看著老韋送死，他死了，我們這個客戶就會泡湯，加上百佳是奧美的超級客戶，這個黑鑊誰都揹不起。

不能看着上司送死

當我們向老韋解釋後，他也嚇了一身汗。他要我們必須在兩三天之內準備好替代品。最後我們買了一條純銀的帆船代替，我拿著銀帆船在李先生當年辦公室室外等老韋，他到了以後拿了帆船跑入去。這時我才鬆口氣返公司匯報。老韋一直在和黃集團工作至退休。

我們有一個客戶是香港其中一個最大的商場，來了一個老外主管，在新年假前，商場要換佈置。這位老外，覺得一般人用梅花都是插在

花瓶上，他要突出，於是吩咐職員將梅花倒轉來放，那不就是倒梅（倒霉）。從設計的觀點來看，這是不錯的主意，但商場的顧客以中國人為主，商場老闆也是中國人，雖然他是在國外受教育，但總會覺得「不吉利」。

在我們向他解說「倒梅」在廣東話來說與「倒霉」同音，所以會令購物者卻步，這個老總才醒覺過來馬上更正。其實很多香港人都非常迷信，我小時候看到吊鐘花是挺美麗的，但香港很多人以吊鐘諧音吊起盅（煮食器皿），即「無飯開」，亦即是沒有生

意，而買年花的多是做生意的，無飯開或沒生意是極不吉利的，所以很多年前吊鐘花已被摒除出年花行列。

但美資公關公司十分專注賺錢，我們一組只有三四個人，但要服侍幾個大客戶，即使你為一個大客戶趕工，另外一個客戶亦不會理會，大家都要小組百分百的專注力，新來的美國老闆，為要向美國總部交出好成績，對我們毫不客氣。他既然是新來的，沒有甚麼包袱，他更從美國調來自己的助手，這位仁兄人生路不熟，你一面應付客人，一面要向他解釋說明，真是「豬八戒照鏡，裏外不是人」，既受盡公司壓迫，外面亦受客人的氣。

由於工作壓力大，我每天都很晚才下班，老婆不時帶著兒子在辦公室附近的餐廳等我，或者跑到辦公室來，大家匆匆吃晚飯，老婆帶兒子回家，我再返公司；有時周六及周日客戶辦活動，你連帶兒子去玩的時間都奉上了。當時我有一股強烈感覺，覺得公司好像榨汁機，我是蘋果、提子或其他生果，被公司榨得一乾二淨。不單體力透支，連精神亦拉得很緊。就在這個時候，奧美的一位同事較早前加入可口可樂(中太平洋)公司工作。公司要找一位華人協助處理中國境內的公關事務，我於是第一時間去應徵。

識做語錄

Don't treat me like mushroom! Keep me in the dark and feed me Rubbish.

「當人是蘑菇，事事隱瞞，餵垃圾！」

「當人是蘑菇」意即給同事無用的資訊，彼此缺乏互信。有些人會怕老闆或總部知道太多，自己失去優勢、職位會不穩，但這樣往往帶來反效果。即使將計劃和盤托出、他人也未必有你掌握的人脈、關係甚至信心去完成任務。

我初入可樂時，香港是中太平洋區總部，涉及港澳台及東南亞業務。每個市場總有人以為你對當地不熟悉，處處「老點」你。所以我習慣每事問清楚，不合邏輯的提議，統統打回頭。當我調到可樂中國公司時，我深明此理，事事詳細解釋，令總部同事放心與你合作、支持你。

有些同事怕煩便說是靠在中國的「關係」，自然引起猜疑。有時老闆會問：「今次成功是你的原因嗎？」你要小心，若你有功全領，下次他人不幫你、老闆忌諱你。所以我常提示上司：「功你可以去領，加人工時要『識做』。」

3

從有人脈到有人幫

從有人脈到有人幫 03

3.1 肯做傻仔 接觸到更多人

「識人好過識字」就是說識人好過有才幹，放在公關行業，更加重要。其實「公關」是學做人，在40多年的記者及公關生涯中，我體會很深，學做人是人一生不停的一個學習過程。

但「識人」並不表示人家一定會幫你。能幫你的人出手相助，至少他信任你。信你不會害他，信你不會「過橋抽板」，信你不會「恩將仇報」。這種互信需要彼此用工夫去建立的。「知難行易」，但其實是你幫人、人幫你的互惠互利的行為。我在美國跨國公司打了近30年工，就受了不少人的恩惠。我同大家交流我學識做人，以及在國際企業往上流的小小心得。

感謝上天，我生長在一個十口之家的基層家庭。每逢節日，祖母總會加菜，最受歡迎是洋蔥豬扒。我很快就知道，開飯時先拿一塊小的，祖母一定預多，她總會說剛才拿小的可以多吃一塊。長大後才知道可能祖母喜歡我，藉口讓我吃多一點。不過，我剛懂事就有機會感受到：「吃虧」不一定是損失。

肯捱便博得信任

畢業後，同學介紹我到《星報》做記者。當年港英殖民政府總督麥理浩要加強地區工作，設立現時區議會前身的分區委員，更支持《星報》在人口稠密的大區出「地區版」，如沙田星報、葵涌或荃灣星報等。區報一出就近十個區，卻只有兩三個記者，包辦採訪、攝影及編輯工作。作為一個新入行的記者，就有不少自由發揮的空間，區報務求與日報看起來差不多，報導多元化。所以幾乎是想寫什麼都可以！

報館當時在銅鑼灣，香港還未有地鐵，要坐巴士或小巴到荃灣、觀塘、沙田等地，往往來回兩三小時。我通常約好所有採訪在兩三天完成，返報館後還要冲菲林、曬相，接着，寫稿集中在一兩天。我記得每每在早上九點多到報館，新開一支原子筆，不斷的寫，到晚上深夜12點才停手，筆墨都用光，大約一萬多字。然後將稿紙用漿糊駁好，好像一匹捲好的布，放入一個鐵線籃，送到「字房」，由工友打好字。隔天我回去編版、到版房與排版師父一起排版。

那段日子我有無比精力，《星報》老闆是澳洲人，不懂中文，版面看得順眼就可以。更重要的是：區報容許我自己發掘材料，用不同的角度。加上地區人士很難見報，所以很樂意接受採訪，反而官員就較小心。

但我不少同學當年跑到報社當記者，很多都是「日行一善」，即是每天參加一個午餐會或新聞發布會，做完採訪與行家飲下午茶，之後才動筆。六點前交稿就可下班。跑突發新聞的，多數在報館待命，有交通意外、打殺，工地事故才出動，也是六點就收工。在他們眼中，我只是「傻仔」、被人佔便宜、賤價勞工。但我不怕捱、貼地，很快有團體主動接觸我，打電話給我，邀請我去一些較少記者採訪的場合。漸漸，能接觸的範圍變廣，人脈豐富起來。

聽上司吹水有「嘢」學

後來《星報》被星島集團收購，搬到當年北角新聞大廈。《明報》在對面街，當年規模小很有人情味。每晚六點半有阿姐準備晚飯、晚上十點半有糖水。同學介紹我去返夜更記者，由於心急入主流報章，我很快返工，上班時間由六點至凌晨兩點。這樣我就開始做兩份工，早上九點「踩」到凌晨兩點，下班搭「亡命小巴」，約半小時到西營盤家，每天睡五六小時就可以。

《明報》夜更工作量不多，晚上九點左右齊

稿，送字房執字。當年《明報》銷路很好，差不多晚上十一點半至十二點便要開機印，非重要新聞不改開機時間。所以，每晚九點半，採訪主任龍國雲與幾位副手，就會邊喝茶邊「吹水」，對我來說，耳畔傳來的新聞界風雲都是新事物，我學到不少行內潛規則及與同行打交道的要領。

後來因為我懂英文，被調到日更，中午十二點至晚上八點上班，我更要好好管理時間分配。可能街童日子，訓練我不怕吃虧吃苦。大約年多，我因祖母病逝，悲傷之際，離開了新聞界。我後來發覺自己還是忘不了記者生涯，兜了一圈，在新聞界再打滾多年。

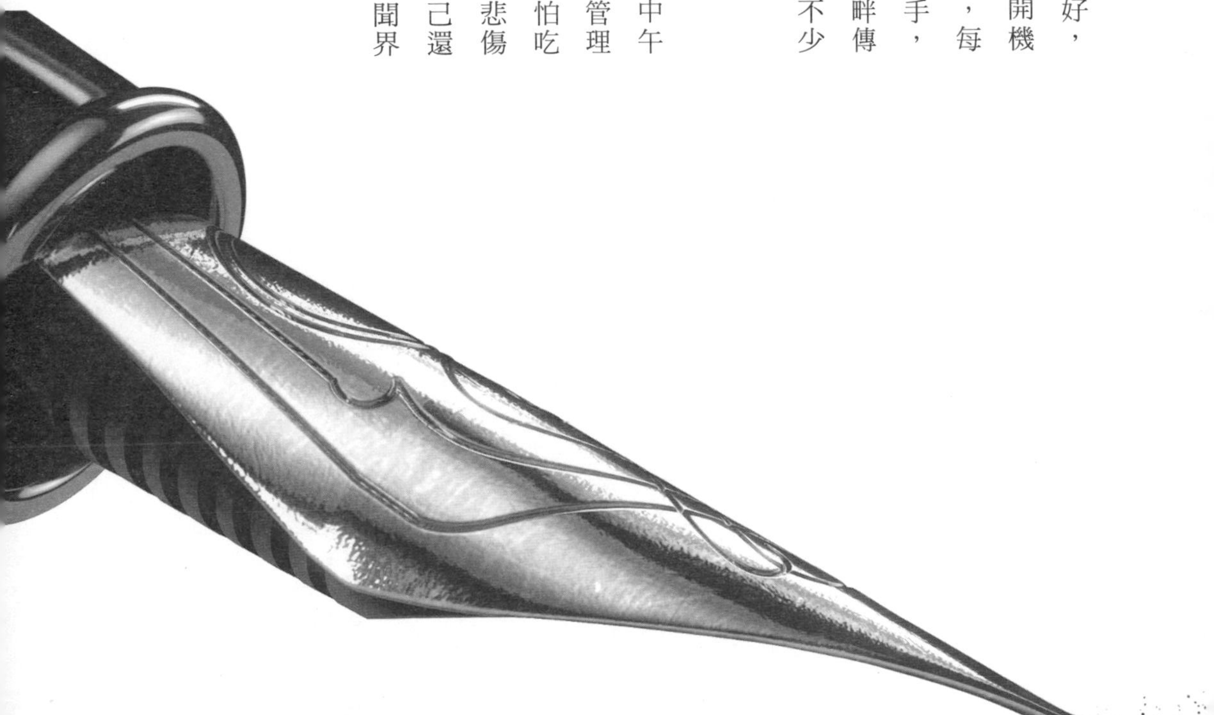

3.2 「追究責任」的掙扎

要成為團隊領袖，你就要不怕吃虧，要在「危急存亡」之秋，挺身而出，敢於擔當。若果你自己當老闆，有手下能在危機時替你遮擋，你出於私利也好，為公司也好，你一定樂於留他在團隊內，在自己身邊。做手下的，若每事斤斤計較，大家怕「麻煩你」，誰給你機會？

我亦遇上不少同事或手下，事事都要爭辯

一輪。我有重要或急的事，一定不會找他們，他們表現或學習機會一定較小。公司其他人也沒太多機會看到他們的身手，自然升職加薪時，他們不會拿到什麼好處。有時我會因為缺人手而留下他們，絕大多數卻會使他們自己知難而退。

勿讓人怕「麻煩你」

若有團隊成員事事問你「點解要做」、「點解要他做」。不但破壞士氣、浪費時間，更挑起團隊成員間的衝突。你解釋又花時間及精力。下屬看在眼裏，「原來吵起來就可以不做」，變成大家鬥大聲，互相推諉，你如何領兵？曾有一個抗命的下屬，我對他說：「我給你的任務，你可以不做，我自己去做，但你一定要知道這樣是有代價的，你遲早一定要還。」他反駁說：「你現在是利用你的職位來壓我。」我直接說：「是又如何？」他只好去執行，而聰明的他也很快辭職。

當我剛到迪士尼時，有次遇上危機，一個手下說：「我們先找其他部門開會，看看是誰錯。」我馬上告訴他：「不用開會浪費時間，我直接問老闆，先處理好問題。開會追究責任要等解決事件後。要找誰對誰錯會分散我們的集中力。」我發覺，闖禍的人其實很想盡快解決問題，而這人對問題的了解，正是最深。若果他與你合作，更不會向外界爆料，拆彈成果會事半功倍。我每次拆彈，都提醒自己這一點。

要揪出誰的錯或處罰誰，往往是老闆、人事部，甚至所屬部門上司的事，我何必浪費時間？多一個朋友好過多一個敵人，除非當事人是自己團隊的。

3.3 「真感情」投資

《聖經》及很多經書都有教導：你要人怎樣對你，你就要怎樣對人。放在建立人際網絡，更加是十分重要。你是否真心對人，人家不會不知道。

在報館當採訪主任時，各報的採主會在社交場合相遇寒暄；在日常，也多次互通電話，防止走漏重要新聞；在彼此指揮手下記者時，亦會互通消息。中間你很易發現誰比較真、誰值得交朋友。每個行業，活躍人物的圈子都不會大，要請人時都會在圈子問問，所以個人誠信很重要。

互信由請食飯開始

在可口可樂當公關時，我剛加入就要到北京、上海及廣州等城市出差，人生路不熟。每次遇到覺得可以交朋友的記者也好、官員也好，我都會請他們吃飯。80年代中國剛開放，物資不算豐富。但我花公司的錢，請他們到大酒店或高級一點的餐館，他們會覺得有面子，更有邀請我回家吃飯，關鍵時刻，甚至為我出謀獻策。獲得人家的信心之餘又介紹關係給我，儼然把我的問題看作自己的問題。這一切不是錢可以買回來，尤其當時是延宕十年的文化大革命結束不久。

當年北京人生活開始好，大家都想買雪櫃、洗衣機、電梘等，國內產品質量則未追得上。進口貨不單貴，而且要到指定的「友誼商店」買，還要用遊客及外賓使用的外匯券購買。為了防止黃牛，「海外親友」代買時，還要以回鄉證登記，每年每樣只可買一次。我便「益鐵桿朋友」，用我的身份予人方便，收貨款也不會用黑市匯率。

改革開放初，官方或公事飲宴時，強迫飲酒之風很盛行。可口可樂一班同事為了減少喝土炮烈酒易醉倒，會在過關時買威士忌或白蘭地。公司明文規定不能送禮給官員，若果我們一起喝，公司律師說這可以當作公事應酬，公費報銷。這些洋酒大受歡迎，也大大「拉近」彼此交情。不要以為這個「感情投資」的做人道理只在中國行得通。我與其他地方，甚至總部同事也用這個方法，百發百中。與同事交際攞料

自然不用說，還可以跨部門打交道。

禮物意義在於「記得」

可樂及迪士尼這類國際公司，經常有地區或國際會議。我通常會帶一些中國傳統藝術小禮物，送給各主要部門秘書小姐。他們都很樂意收，不在於禮物，在於你記得她。跨國巨企地域距離廣，有秘書指點可免撞板，哪時候老闆可以同你傾，哪些不是有利時候，甚至有秘書小姐替我發現文件出錯，叫我改好再送去老闆。遇到這些情況，真的感激流涕。

有同事問我為何去見這些秘書小姐時，我還會笑說：「我來put oil in the wheel（在齒輪上加油）」，即是使齒輪轉快點。

3.4 點解要受我玩？

學懂做人，交朋友時，不妨停下來，問一問自己為什麼吸引某人成為我的朋友？人與人相處，固然因為彼此的化學作用，或者說「緣」。但「你幫我我幫你」，友誼更長久。做記者到進入跨國企業，我不時問自己，點解他們要請我。你說這是「居安思危」也好，危機意識也好，因為在跨國大企業，我不止一次經歷低我幾級的同事轉眼成了我上司，即是說，你若沒有「難以代替」的能耐，早晚會被取代。

在美國跨國企業中，白人有優勢是不爭的事實，你要生存、往上爬，不得不練出一些較難代替的能耐、專長，並且獲得同僚、上司及老闆的信任。你能清楚知道，就會提醒自己，逆境時咬着牙根，有機會就全力以赴，亦是鞭策自己進步。到人生下半場往後看時，能夠輕鬆告訴自己，不枉此生。

不亢不卑　不斷自省

記者可謂「我愛寫誰就寫誰」，是種「無冕皇帝」的感覺：面對億萬富豪、高官、名人明星，他們對你客氣；面對弱勢社群，你則為其「取回公道」。那樣不由得飄飄

然。當了記者一段日子，你不難發覺自己天天被人利用。所以開始問自己，為什麼會「爆料」給你？是有人要打擊對手？是有人要保護自己利益？還是有人要報復？你一看清楚，人就客觀很多。很多時候我不認識爆料人，也與當局者不認識，為什麼要「弄死」人家？事後懊悔不已，但往往damage is done。

不論記者、公關或任何事業，同事談的公事內容若不合邏輯，我會盡力求證。若同事指摘我不信他，我更會暗示：職場不是個人表現與英雄主義的地方，要團隊互相配合。相比公關，有性格的記者特別多，四年多採訪主任生涯，的確是很好歷練，到今天我都深深感謝天父。

職場首要有「存在感」

在跨國企業工作的人特別沒耐性，你最好在最短時間內，一口氣講完重點，其他細節，一定會在往後問題中給你機會再說。記者訓練便是將報導重點放在第一段說明，不超過十幾個字。這種不知不覺的培養，對我加入美國國際企業可算受益不淺，因為清楚說出重點，不需要很長時間就打入「鬼佬」圈子。

英國籍上司可算是我的恩師。我加入可樂不久，他就教導我：get a seat at the table，即是令人想找你商量或做事時，會想起你，讓你加入他的團隊。當然你要識做——識做事、「識字」。

80年代中期，可口可樂在全國下架禁售後得到准許內銷，當時中國未有公司可信任的人才，所以才聘請我。不少「鬼佬」覺得難辦或辦不來的事，我也能應付。所以老闆與高層討論國內市場問題時，開始把我帶上。「識字」也要加上際遇：我那上司人比較直率，稍有問題就會罵，奈何他能力強，歷任大老闆都忍他。很多同事怕了他，轉而找我，漸漸我就得到a seat at the table。上司單身，日日夜夜為公司工作，所以升得算快，我也慢慢隨他步伐爬上企業的階梯。如此上司領軍的外事部（可樂不叫公關部，因為處理事多，如政府關係等），慢慢成為有名的「can-do」團隊。加上多位總裁曾駐香港，深知外事部能解決問題，就讓我們參與業務發展，也成為「營利中心」(profit centre)無論預算及資源都相當充裕。

3.5 毋須慳錢　必須達標

跨國企業每年都要做預算。除非環境很惡劣，別太慳，很少老闆會讚人慳錢。因為大家都知道，慳下來的，不會到你的口袋。最重要是達標，就是賣到董事局規定的量和賺到要賺的錢。管理層十幾人的年終花紅，往往是總人工支出的四分之一或更高。達標與否還會影響公司股價，直接影響總公司給你的股票價值，故此管理層著眼點往往不是一個部門省吃省喝的使費。

有一年還差幾百萬盈利才達標，管理層賣了幾個分給副總裁級以上的會籍，等過了年，再買回來，用「踩界」方法險險捱過。

所以我很少虧待團隊，大家搵食都希望搵多點，你要人家出力，不要慳錢。況且慳下來又不歸你，年度預算用不完，下一年肯定被減，那又何必。年尾時，各路頭頭自然聯合辦活動，清數又慰勞手下。

團隊一條心

我性格直率，加上在美國企業工作近30年，盡受其影響。大家公餘喜歡在酒吧Happy Hour(約下午五至八點)。尤其是周五，「鬼佬」直情到你辦公室拉你去，大家輪流做東，或是最高職位的埋單。我發覺這是很好的溝通機會，兩杯下肚，同事平常開會不說的不滿便趁機說清楚，減

少很多誤判，不少公司的主要決定更在酒吧討論出來。甚至，我有與老闆一齊上廁所，兩個大男人並排站在尿斗，繼續討論公事。我一回到座位，就用酒杯墊寫下重點第二天跟進。

有次團隊有適應問題，幾個成員在最繁忙時集體辭職。身在美國的上司會十分擔心，一來少了線眼，二來怕你不能應付，要他飄洋過海來坐鎮。我倒感這是好機會，有異心的人離開，招攬同心的人組成團隊。時間會驗證誰是「豬隊友」、誰是可以調教的，誰是「二五仔」（不服從你，暗中在老闆前告狀）。揪出二五仔至為重要，但要慢慢找證據，期間重要的事先交信得過的人去辦。

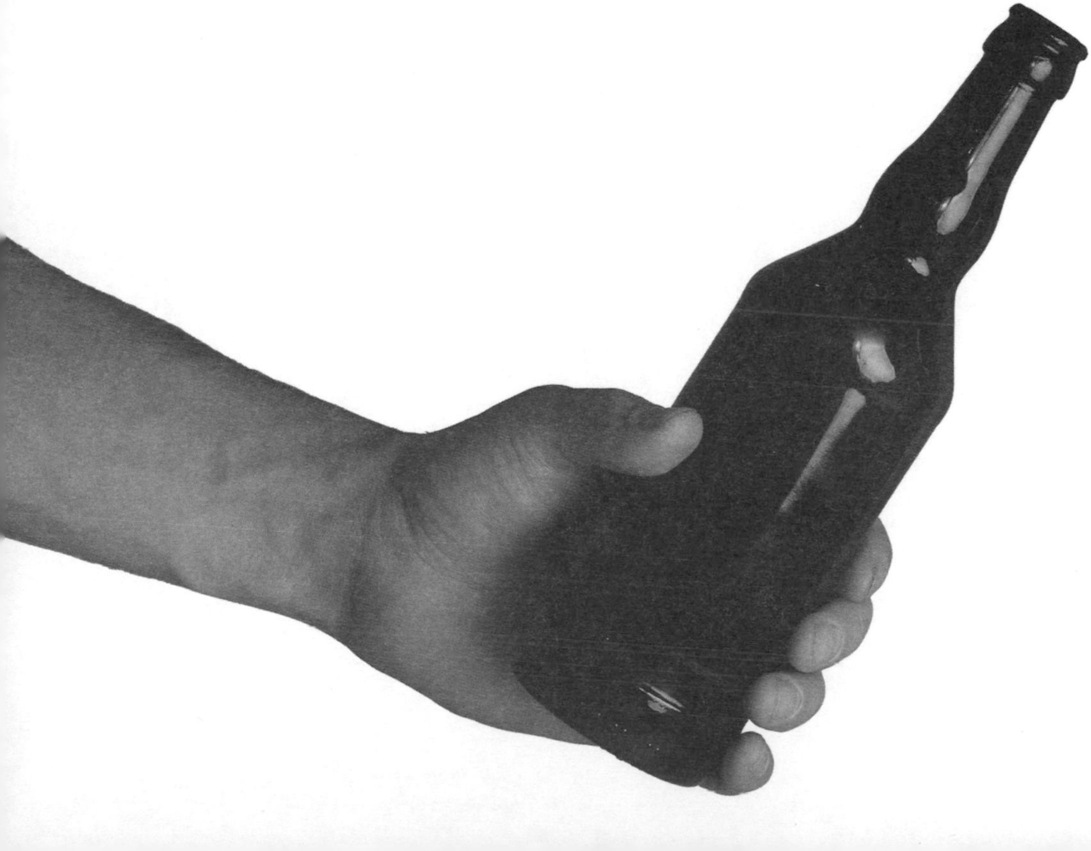

3.6 危機管理「餵怪獸」

這一招是我做記者時學的。因為報紙不能「開天窗」，即是有版面留空。當我受邀到香港迪士尼上班代美國人拆彈時，就用「餵怪獸」這一招。

由於我曾當記者八年，當擔任樂園公關頭頭，深知一群跑迪士尼線的記者，山長路遠從市區跑到迪士尼，他們不可能沒有稿子返報社，所以我一定要找些課題及素材，讓他們去寫，要是放任他們到處找，很小的事也可能會無限放大。美國部門同事問我為何這樣做，我告訴他們，這是「feed the beast(餵野獸)」。有點像端午節扒龍舟，包糉餵魚，魚就不會吃屈原屍體了。

迪士尼提供故仔給記者

我的第一個「糉」是「森林河流之旅」：這遊戲是遊客坐上一艘十來廿人的小船，沿著人造河流前進，兩岸有機械控制的野獸，土人或鱷魚不斷出現，最後到了「火山口」，有火球及蒸氣撲面而來。不少遊客樂極忘形，相機、電話掉到水中，甚至有老人家笑得太開心，連假牙都跌入河底。迪士尼等到晚上才派潛水隊到河底維修管道時，同時拾回失物。我遂安排記者訪問潛水隊員。

迪士尼十分注重形象，「夢幻世界」裏，公主不會老，裝潢不會舊。職員便必須在晚上十時關門之後，趕快維修、刮花了的補油。我安排維修同事受訪談如何在夜色下髹油，如何趕及早上乾透，乾了以後，更看不到修補痕跡。

不知大家有否發現，你進園時，小鎮大街看來超長，當你要離開的時候，亦剛好相反，你會覺得出口很近。其實這是周圍裝飾引起的錯覺，大道兩旁的小樹是營造錯覺的核心。因此若果樹長大了，錯覺效果便會消失。整條大街的樹，每隔一段日子，都要一個晚上全換掉，也不能一晚換一半。這又是一個有潛質「餵怪獸」的糉。

樂園規定遊人入園要檢查隨身手袋。坊間流傳一個「陰謀論」，媒體編成一個「強迫消費」的故事：樂園內甚麼都貴，沒有人買，所以藉不准訪客帶食物，以謀取「暴利」。我與不同部門同事查探，原來是不少人嘗試「就地當小販」，有帶一箱24罐可樂的，亦有帶大量飯盒的。樂園將他們拒於門外，這幫人就開始造謠。因為傳媒與園方交惡，所以報導都站在造謠者的一邊。

入口檢查手袋的起源，更在早於2001年九一一事件中，恐怖分子騎劫飛機撞入紐約世貿中心雙塔、美國國防部五角大廈之後，美國情報調查發現下一目標是美國迪士尼樂園，而樂園訪客數以萬計……故此九一一之後，全球迪士尼樂園就規定入門要搜查攜帶小包了。樂園還引進兩隻保安犬。開門前，樂園每個角落檢查兩次有沒有爆炸品。

「餵怪獸」用途很廣

若果要傳媒大肆報導，題材的娛樂性不能沒有。我從保安同事口中知道，曾有一行數十人抬燒豬去拜山之後，再浩浩蕩蕩抬來樂園，邊玩邊食燒豬。香港天氣熱，燒豬極可能變壞，若果容許他們進來，一旦食物中毒，他們一定會怪迪士尼。這種負面宣傳很有殺傷力。況且那行人還帶了切燒豬的大刀，有違樂園規定。所以在收集資料後、把受過面對傳媒訓練的同事「餵」給記者。出來的報導，都有不錯的預期效果。

別以為這一招只是應付記者，用於應付上司、同事亦可以。有時候公司需要某些資料或調研，當趕不到時，有些同事會很老實說交不出來。我和我的團隊就不會如此，而是把弄好的部分先交出，讓「怪獸」有點東西去「食住先」。

由於香港政府是迪士尼最大股東，官員來要資料，我也經常用這一套，效果不錯。當然你不能不交，只是稍遲一點。

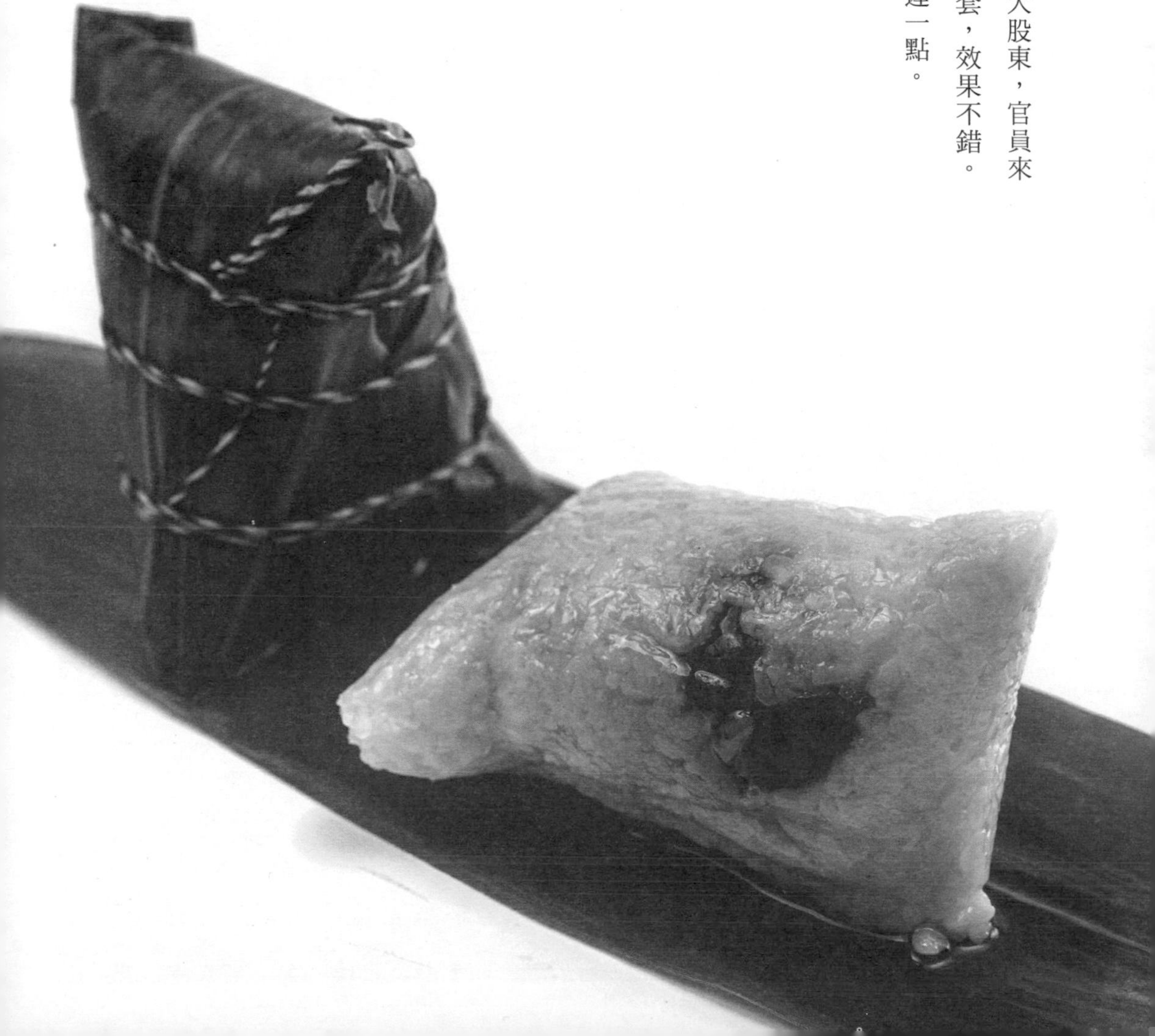

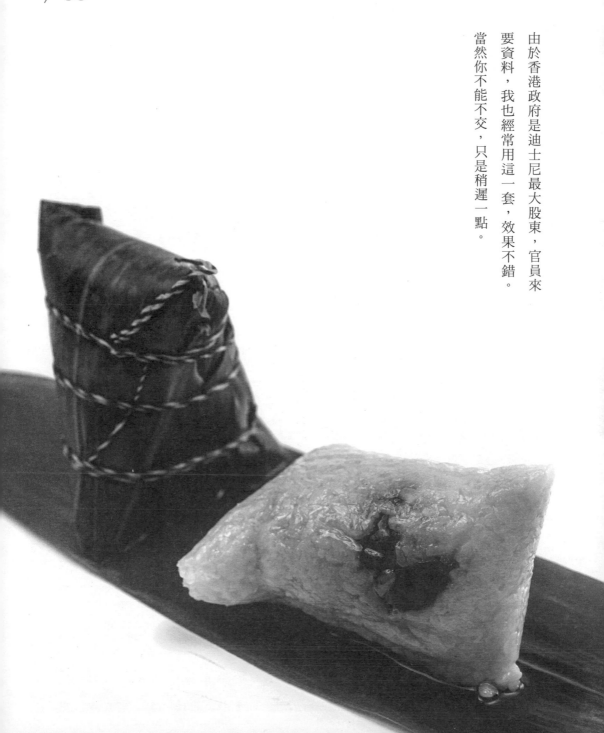

識做語錄

No Surprises.

「不要（令老闆）驚嚇。」

在跨國企業工作，若果坐在美國的老闆比你上司先知道事情，上司顏面何存。我剛加入可口可樂，同事及主管就說：「公司不喜歡『意外』（surprises），拉了警報無事發生，最多說你『細膽』，這結果總比surprises好。」然而，如何拿捏「拉警報」？好公關要盡可能偵測「準危機」，在爆發前找出影響公司生意或聲譽事件。可樂總部要求海外分部的公關，每朝十點送來剪報。那時沒有互聯網，只有報紙、電台及電視台。分部同事要瞞也是可以，事後都會令當事人「付代價」。

4

可口可樂最強宣傳

4.1 長城頂「偷雞」踢波

我由一個小經理，成為新中國成立後、可口可樂這個美國跨國企業中國業務的第一個華裔公關掌舵人。乘著祖國改革開放東風，參與人生不可多得的機會：身歷可口可樂業務發展，後來更成為大中華區公關副總裁，將自己黃金15年獻上。回頭看來，歷盡艱辛，亦度過不少寶貴時光。我心中只有感恩，腦子只有喜悅。

話說可口可樂橫空出世那天開始，就在爭議聲中成長。發明人藥劑師彭伯頓(1831-1888)，本來是要製造一種治療酒醉後頭痛的成藥。最初的配方是用南美可可葉及非洲可樂果提取物，的確是含有毒品可卡因的。彭伯頓亦曾向人透露，曾試圖用可樂戒除自己的鴉片癮。當然可樂面世不久，就抽走可卡因，否則不可能賣百多年，還佔據飲品業龍頭。

我在可樂工作時，算不上見盡繁華，但都涉足公司贊助的各大頂級國際賽事：奧運會、世界盃、NBA、亞運會、全國運動會等等，每個場合都是我難忘的時刻。

伙FIFA推廣足球

可口可樂重返中國的早年，每每因為做廣告被整頓，轉而大量利用公關活動去開拓市場。我加入那段時期，打頭陣的是足球活動。足球在中國最受歡迎，睇波的人很多，加上鄧小平先生說過：「中國足球發展，要從娃娃抓起。」於是足球成為可口可樂贊助體育活動贊助的最大宗。當年主

可樂足球教練培訓班記者會，右三是我。

打與國際足球協會（FIFA）合作，叫「可口可樂國際足聯臨門一腳」足球教練培訓班，一搞就十多年，也做青訓。來中國的足球明星，有英國波比查爾頓，而來得最多的是北愛爾蘭的積克賈拉賈，他全職是當地中學校長，公餘時擔任指定足球技術

講師，那段時間他差不多在所有有可樂廠的城市都辦過班。

當這些教練來到中國教班時，我們會安排他們到長城、天壇等名勝拍攝踢足球的照片，廣發中外傳媒。當時中國外商活動少，這些照片還是受到廣泛轉載。長城及天壇範圍，當然是不能踢足球的，但一張好圖片勝過千言萬語……我們拍完長城，又轉到故宮、天壇，總之舊瓶裝新酒，能夠見報就可以。因為我們做公關的都知道，產品要不斷見報，才能在消費者心目中佔有一席地位，不會忘記你。到有購物欲時，就會想起你。正是：「Share of voice and share of mind」。

每周得兩日陪家人

那年代可樂外籍職員到中國來，都覺得是

一件苦差，即便每年有衣服及行李箱補貼，但很多人都盡量不來。所以我和其他香港籍同事就要背起這差事，出差的擔子很重又頻繁。我們一班管理層在周一早上開會，開完會就各自出差，我一定周五晚趕返香港。我老闆單身，通常周日才返港。他常說：「你家裏有人等你回去，我沒有。你還是早點走吧！」但回過頭來，那段日子是我學得最快、學得到終生受用的做事方法最多的機會。

4.2 全國最大廣告坐落百事頭上

這件事不是我們精心炮製，真的是機緣巧合，雖然我事後解釋都沒有被人接受。

上世紀80年代，可樂就是其中一間最早在北京市中心長安街豎立戶外廣告的外企，但在一個政治運動中，中央下令這條連接天安門廣場的大路，兩旁不能有廣告。所有廣告須遷入橫街。因此，原有的可樂廣告就被消失了。

當改革步伐慢慢加速，政治氣氛亦開始寬鬆後，公司又四出尋找戶外廣告位置。廣告公司替我們找到了國貿大廈前中國大飯店左側一幢大廈的天台廣告位，位置不錯，廣告可以用上閃動霓虹燈，四面環繞大廈。我們安排了美聯社及路透社的記者拍攝快將啟用的「可樂在中國最大的戶外廣告」，不止大中華區，世界各地不少報章都刊登了。

留給記者「創作空間」

就在這個時候，我們無意之中發現，這幢不超過十層高辦公樓的頂層，竟然是百事可樂在中國的總部。但廣告投資了不少錢，不可能搬。要搬也是百事搬。很奇怪，百事一直不動。

不久北京電視台一個專爆內幕的專欄節目記者得知此事，不動聲色出現在北京辦事處。記者帶着暗藏的攝影機，要公司代表回應這件事。北京辦事處出面，推搪說公司發言人不在北京，更好像說漏了嘴：「公司簽約時不知百事總部所在。那時市場上就只有這塊大型戶外廣告位置。」這樣的說辭大大增加記者的創作空間。節目一出，成為全首都傳媒焦點，全國老百姓樂於看着「兩樂」互鬥，感覺到十分過癮。

事後我好幾次出席輕工部系統的會議，不少人對我說：「原來你就是打可樂廣告壓在百事總部頭上那傢伙。太絕了吧！」無論我怎樣解釋，在場竟然沒有人相信。可見外人早已看慣這對活寶鬥個死去活來。

第一條電視廣告的角力

1984年，《時代》雜誌就在封面刊出一個中國青年，身穿綠色解放軍大衣，站在長城面前拿着一瓶可口可樂，標題：「這就是列根要看到的。」可見可口可樂當時確實是中國在改革開放的標誌。

1986年英女王伊利沙伯訪華，遊覽長城到西安兵馬俑等等。英國BBC隨行記者拍了此行特輯，中央電視台希望把女王訪華特輯買下來，於是通過廣告代理公司找上門，開價廿萬美元，當時是天文數字。在商言商，央視一定要有回報的。經過討價還價後，央視在紀錄片的首尾，各附上一分鐘的可口可樂廣告，那時掌管中國市場的中太平洋區老闆答應了。特輯一出，產生了很大的中外迴響。

當年中國全國電視台都不准上廣告，央視在天子腳下，管得更嚴。事後我分析：這個首條電視廣告是很多人精心策劃的工程。可樂廣告一出，外國廣告代理與中國

輿論馬上配合。首先發炮的外國廣告代表，他們就大聲說要「公平」，可樂能做廣告，也要開放給其他外企，央視及其他媒體就一唱一和的將話題炒熱。

電視台電台廣告解禁

實情裡面涉及保守派與改革派之爭，開放廣告更會帶來極大的財源，「首條廣告」也許是利益集團的一步棋。廣電部（今稱國家廣電總局）最後獲中央批准，開放電視台落廣告，電台也因此解禁，極大促進中國電子媒體發展，大家都為「人民幣」服務了。所以中國廣告發展史，應該有可樂這一章。

我因工作關係，有機會與這位可樂老闆一同出差，一班自己人在酒吧聊天時，我曾問過他此事。他說廣告對公司國際正面宣傳及長遠發展，遠遠超出這筆費用的表面價值。當時我真佩服他的眼光，後來他升到可口可樂董事長，成為歷史上第一個拿外國護照的董事長。他是澳洲人，之前的古巴裔老闆是美國籍。

4.3 助華傳奧運火炬新聞

1992年的巴塞奧運會對我來說極難忘。奧運火炬傳遞在夏天舉行，日日陽光十足。可口可樂總部增加兩岸多個代表名額，由我領隊。在開幕禮前十幾天便到達西班牙著名的鬥牛聖地西維爾了，我們參與奧運火炬在近郊那一段傳遞。

我得到總部批准，邀請時任央視體育部副主任馬國力為其中一個代表，由新華社體育部幾位資深記者隨行採訪。他們反正都要去巴塞隆拿，因利乘便。中國奧運聖火傳遞團還包括首都鋼鐵廠工人、婦女代表及大學生。

牽頭協調央視新華社

西維爾是一個又熱又乾的地方。到達之後，我與總部團隊商量，傳遞聖火時將收音咪綁在馬主任胸前，由他邊跑邊評述，那是中國記者首次在奧運活動，他又是主角又是採訪的第一人。剛巧總部那一年開始安排專車，在跑手前方現場拍攝。我估計，利用時差關係，編好的片段通過當地電視台衛星送回北京，正好趕到新聞聯播時間。這樣效果就會很好。

可樂財雄勢大，很快就從附近電視台借到儀器及人手、幫助編輯，以及隨即衛星傳送。馬主任熟悉中央台運作，所有衛星訊號接送細節，就在這個完全陌生的地方落實。

馬兄不愧電視人，一上場的評述就詩情畫意，我還記得他說奧運火炬接力好像世界人民手拉手組成人鏈，自己有機會觸摸，心裡十分澎湃，能代表祖國人民難能可貴。多麼得體，真非一般。因為攝影隊是跟著各火炬手不會停，馬主任交棒後，可樂攝影組的人馬上將片段交給我，我即跳車，拿錄影帶去當地電視台剪片。

跳車送影片 趕及全國聯播

就在我下車時，看到幾位隨行記者亂得團團轉，細問之下知道，他們被大會司機落下，他們只好徒步追趕火炬手。但沿途的人太多，其中一位記者只好強借一名小童的單車追前，幸好跑了一小段路就追上。事後大家都津津樂道：搶單車去搶新聞。

活動後我返回房間時，新華社記者急召。他們沒有帶合適的插頭，傳真機駁不了，但知道同行美聯社記者有。於是總部同事代為聯絡還在現場採訪的美聯社記者，他着我們由露台爬入房取。幸好有強大可樂隊伍，否則這個活動發不了稿、工夫白費了。這次又搶單車又「擒」露台借插頭的事，多年後大家都回味無窮。

牽線助華申奧運

馬主任傳火炬在全國新聞聯播出街了，效果極好，全國各地媒體及外媒都用，總部十分滿意。

跑完火炬，我跟著大部隊去巴塞，因為中國奧委員會的官員，希望我居中安排，與國際奧委會及公司專責奧運贊助的副總裁見面，打好關係，方便中國日後申辦奧運。

那時巴塞不夠酒店房間招待來參加奧運的訪客，可樂與好幾間奧運贊助商，租了幾艘郵輪，泊在碼頭，招呼自己工作團隊及嘉賓，我們還安排中國代表團與96年亞特蘭大百周年奧組委主席見面。因此，我留了下來，首次觀看夏季奧運開幕式，深深體會西班牙人的創意。在空餘時間租車，與記者遊車河，回程返酒店途中，加油站的小子入錯油，拖車司機說幸好你租車時投了全保，否則賠大了。

4.4 逆轉危機 奧運直播執生

有了前兩次不錯的經驗，1996年亞特蘭大奧運會的火炬接力陣容更加強大，兩岸代表人數增加了不少，活動範圍更廣了。因為可樂贊助希望工程成功吸引中國人的眼球，加上公司亦是主要贊助團體之一，所以我做說服總部讓三位「希望工程」十多歲的青少年做奧運火炬手。

中國青少年基金會那年希望發行一套郵票

籌款，因此安排到紐約聯合國總部見一個主管青少年事務的官員，以在國內宣傳發行這套郵票。當年火炬手先去聯合國，我也是首次踏足此地。新華社駐聯合國主任記者還帶我們參觀安理會會場及很多沒向外人開放的場館。

落重本做直播

在台灣方面，同事邀請了歌星周華健為其一火炬手，是今屆唯一藝人代表。在多番爭取後，由於與總部負責火炬接力項目的團隊已經混熟，獲他們安排兩岸代表在美加邊境水牛城的尼亞瓜拉大瀑布前跑。

幾年間，可樂的拍攝器材有很大改進，這次活動片段，便是在戶外廣播車剪接及即場用衛星接送。前一天總部團隊經多次會議磋商，敲定「落重本」租用直升機航拍火炬手路線等。台灣方面幾大電視台的「周華健傳聖火」的實況轉播安排亦落實。

豈料人算不如天算，那天大清早起來，現場十分大霧，地面的能見度極低，直升機當然不能起飛，航拍及台灣直播都泡湯。當時只能用後備方案，就是將攝影機放在預先選好大廈天台角落。效果雖然大打折扣，但總算完成。

後備方案「變陣」創造話題

直播完畢後，就陽光普照。公司請火炬手及記者坐直升機欣賞瀑布，又坐輪船近距離去淋瀑布水花，最後還有精力的，便跑下瀑布底感受一下水花直接打在臉上，來一個真正的海、陸、空遊。

之後的冬季奧運會，我曾帶團去挪威及法

國的冬奧會，不過規模就小很多。2000年悉尼奧運，奧委會決定不再接受奧運火炬整體商業贊助。那種幾十人參與的機會一去不返，直至2008年京奧，可口可樂才能再參與。

除了奧運會，在可樂工作更讓我有機會觀看世界盃的決賽及頒獎典禮。那就是陪大馬糖王郭鶴年的一次，亦是我人生第一次看世界盃。他的集團，當時在中國投資十多個可樂廠。

4.5 覷準潮流　做 NBA 特輯

當NBA開始打入中國時，我與央視馬國力兄在北京吃晚飯，他已升為體台台長。他談到在美國職籃，評述日漸流行，他也希望找有熱誠又年青的NBA評論員。可樂屬下「雪碧」檸檬汽水是NBA的主要贊助商之一，我隨後請總部同事搭線，爭取到去加州實地採訪當年的「季後賽」。

握到了這張牌後，我與全中國廿幾個廠合

作，用「雪碧」品牌舉辦全國NBA評論員比賽。各省市挑一優勝者，決賽在央視節目舉行，選出最佳三人去美國採訪，隨行還有好幾位全國性籃球刊物的靈魂人物，可謂人強馬壯。到達美國以後，才發覺美國體育事業能夠發展到如此浩大，是付上不少心血，令人嘆為觀止。

往返中美　辦評論員比賽

我們在比賽開始前幾天到達加州的克里夫蘭Cleveland，季後賽的活動已經沸騰。我最佩服是主辦單位處理球星記者會的手法，值得學習。

一個簡短的儀式，所有海外及本土媒體記者都被邀請到一個大堂，大堂放滿了一張張小圓枱，只有三四個座位。所有的NBA大小明星都在場，每人按隊伍，姓氏英文字母等排開，一人一枱。記者有「吉位」就隨便坐下去訪問，不用排隊。每位球星都是只有自己坐，沒經理人或助手陪同，你愛問什麼問什麼，回答與否是明星本人的事，有記者要求明星簽名，他們都毫不猶豫。要拍照及錄影都在小圓枱範圍，角度也是記者自己找，明星不會也不准離座。這種一視同仁的處理手法，極具效率，個別球星按自己意願決定留多長時間，記者什麼時候走亦各隨尊便。我就充當記者翻譯。

將NBA現場帶入國人眼球

未去過現場觀賽的朋友，也不難明白為什

麼很多「粉絲」不辭勞苦去撲飛，去塞車塞船，去付貴價酒店房，受盡折磨，也去看現場。因為現場的磁場、氛圍、互動、一起叫、講粗口等等，絕非坐在電視機前可以比擬。我在公關公司工作時，有客人贊助方程式賽車賽事，當幾十輛方程式賽車一齊怒吼出發時，現場的氣壓、汽油味，混合成震耳欲聾的響聲，你不在現場，感受不到幾過癮。

美國NBA主辦方深明此道，現場安排Live Band。隊伍進攻時，配合緊張音樂，連裁判哨子聲都好像與現場音樂合拍。評論員帶動氣氛，我甚至懷疑現場掌聲是綵排好的。中場休息還有啦啦隊，美少女出來載歌載舞，男舞蹈員按節奏頂球入籃。現場睇球賽，真做到極盡視聽之娛。

中宣部腰斬節目

大部隊回國後，我一直與記者及編輯保持緊密聯繫，訪美之行計劃做三輯節目，全面介紹NBA。正如所料，第一輯播出後大受歡迎，掀起NBA熱潮。就在這時候，央視致電稱中宣部怕這陣熱潮令太多青年著迷，要急煞車。即是餘下兩輯都泡湯了，我只得慶幸第一輯能趕及出來，若當時失了時機，三輯都不讓播，那就很難向公司交差了。

4.6 早人一步做社會關懷項目

在1993年，可樂剛獲批十個新廠房後沒多久，我覺得公司的公關活動應該漸漸離開主打的體育及音樂活動贊助。因為已有很多公司加入做贊助「分蛋糕」，況且體育比賽，一閃即逝，不在老百姓的日常生活留痕。十個新廠大多數都在北京、上海、廣州以外的二線城市，我一定要找新奇有趣的項目。

參與建校　與黨政打好關係

就在這個時候，有一個叫做「希望工程」的建校項目漸得很多中國企業及個人支持。這個項目是在二線城市的貧困地方建小學，讓農村孩子有書讀。當我再找資料，發覺是一個中國共產黨青年團屬下的「中國青少年發展基金會」管理。若果與他們合作，既可以幫助孩子，又讓可樂廠員工與地區連接，加上中國官員大部分是共產黨員，贊助這個項目會令我容易與他們打好關係。

我當時用盡方法去說服老闆，既贊助建校，亦把希望小學地點盡量配合新廠所在。公司很快看到這項計劃容易得人心，我們各地的中方合作夥伴亦大力支持。我立刻找到基金會，他們當時得中國企業贊助不少，但還未有像可樂一樣的跨國企業參與。我首項提議就先建20間希望學校試行，雙方同意再增加至50個，當時每間學校經費是廿萬左右人民幣。這個數目對我當時管的預算中，佔比不高，自己亦多少帶有點「回饋祖國」的心。

當時香港有些報章及雜誌盯着這計劃，指控有官員私吞捐款。但我們有當地罐裝廠同事去「支援」，彼此「長期交流」，有一定的監察作用。可樂支持建學校的計劃，甫推出就很成功。我經常去各省市拜訪副省長或副市長，說來自可樂的代表來捐學校，他們從未拒絕。每次見面時我刻意不提在當地建立可樂銷售系統及倉庫，總是領導主動提出，要招商引資，「可樂來了就有好的示範作用」云云。結果是一張很好的廣告。

沙漠植樹　幫助北京居民

2000年前夕，朱鎔基當國務院總理其間，北京發生了好幾次特大沙塵暴。朱總理到北京市郊大片沙化的地方考察，我們隨後也去當地觀察，發覺那片離首都不遠的「沙漠」面積的確不小。當地村民說，不少電影及電視劇，都是在當地取景。可樂遂與基金會合辦另一項目，贊助村民打井取水植樹，效果不錯。

Don't get me involved, keep me Informed.

「告訴我進展就好，不要叫我做決定。」

跨國巨企總部同事經常都很無奈。他們不在前線，對當地市場知道很少，除了傳話，其他海外的事，他們很怕要做決定。但我們的工作時間，他們正好休息，總部老闆有事問，也只好問他們。若果他們不知事件進展，後果很嚴重，所以這句話「don't get me involved, keep me informed」經常掛在口頭。大家都得明白這個遊戲規則，適時報告進展。

我比較幸運，由於中國業務增長速度快，好幾個亞洲總裁、國際部總裁，甚至有一位董事會主席，都曾經駐在香港總部，不用傳話。

5

在半封閉市場開荒

5.1 改革開放的香港機遇

中國在上世紀70年代末的改革開放政策，造就了可口可樂重返中國市場良機，也是香港一兩代人難得的機會，乘著開放大潮，投身「中國貿易」大海，亦直接影響了香港的地位、機遇及發展。我每每懷著感恩的心，追憶自己那15年靠「中國貿易」機遇，跑遍大江南北。多年來每逢有分享機會，我都會講述令我這個街童，大開眼界的一些事和物。說不上享受榮華富貴，但絕對是心中富有、不枉此生。

中美建交的同一天……

自從鄧小平先生的改革派在毛澤東死後打倒「四人幫」，中國就開始改革開放，銳意國富民強，並且在1978年12月與美國恢復邦交。很多人意想不到的，就在中美簽字的同一天，在北京飯店同一層樓走廊的另一邊，可口可樂就與中國糧油食品總公司簽訂重返中國。中糧是看到中國即將迎來大量外商及遊客，看準是賺外匯的時機，這是當時國家對外貿易極急需的。

可口可樂自從百事可樂藉著美國尼克遜政府及國務卿基辛格關係，奪得了前蘇聯市場那一役後，痛定思痛。剛上場接替老伍德夫的古巴裔老闆郭思達就下令內部高層，秘密制訂計劃，要攻陷所有潛力市場。云云市場中，可口可樂特別想重返中國。

早於1927年，可口可樂就與天津山海關汽水廠及上海屈臣氏汽水廠合作，生產可樂。1946年陸續增加了青島、北京及廣州。而上海的裝瓶廠，1933年已是美國境外最大的可口可樂廠。

文革可樂廠老總被囚

80年代，我有幸與當年的上海可樂廠廠長見面，帶了一批從舊檔案中翻印的黑白照片給他，90多歲的他十分激動。他原是解放前工廠的老總，引進了美國以外當

年全世界最快的裝瓶線，可口可樂請他去美國接受一枚金章。可見上海市場在可口可樂心中多重要。但可口可樂在1948年國共大戰時，與大部分國際公司一樣，匆匆撤出中國。上海廠長後來在文化大革命其間，因可樂廠老總身份，被獨自關押三個月，「要好好交代如何『同洋鬼子同穿一條褲子』」。出來後老人家就開始出現心理及精神問題，我見他的時候，他說話已經不是很清楚，還說有兩條舊生產線要賣給可口可樂公司。

我曾經就此事向主管全國飲料生產的原輕工業部高級工程師史其祿求證，他證實了當時上海廠的生產線是全國最快的，所以解放後，周恩來總理要將整條線拆下，用火車運上北京，整合當地飲料廠和上海屈臣氏的北京分廠，成立「北冰洋食品廠」。

老史還說：「當時命令很嚴，一根螺絲亦不能留。」

可想而知，可口可樂對中國市場不容有失。我有幸與可口可樂總部的法務部長（總律師）佳利共事中國業務幾年，他曾向我講述重返中國的部署。

5.2 香港做跳板進入中國

可樂早於1973年就要佳利駐香港，一待就五年，其間成立一間貿易公司，從中國出口家具及建材到可樂各海外據點，搭起外貿關係，一直找機會重返這個市場。可樂又不斷贊助中國足球隊訪美、中國出土文物訪美巡迴展覽、美國波士頓及費城交響樂團訪華，還有很多中美文化體育活動。所以可樂能比其他國際企業快一步，成為中美建交後首家美國跨國公司進軍中國。

還有一位重要人物，70年代末公司找到中糧總經理及主管海外業務的劉昌璽。他曾駐香港，主管中國供香港糧食的五豐行，是開明派。他在可口可樂2008奧運年出版的《樂在中國》一書中回憶表示：「我找到了前上司張建華促成與可樂合作的。」張曾任中國駐美聯絡處（中美建交前沒有大使館）的商務代表，熟悉美國跨國企業運作。張回國後找到當時的外貿部長李強，李部長也是開放的人，深信可口可樂將牽動其他外資前來。李強向中央申請，同意「試一試」，批准中糧與可樂簽約。

首批可樂由香港加州出貨

重返中國的首批可口可樂是三萬箱，有玻璃樽裝，亦有罐裝。我在總部資料室看過所有內部文件及相關報導。首批一萬箱樽裝是香港太古汽水廠供的，其餘是罐裝，由加州空運過來。在紅磡裝上火車運去北京。後來我有機會帶著央視記者訪問亞特蘭大市，參觀CNN電視台時，遇上當年採訪該新聞的記者。他那年為美國NBC電視台工作，他親口證實有關的細節。

與保守派官僚周旋

即使未賺錢，但生意增長可觀，可口可樂信心滿滿，希望在以前中國總部所在的上海建首間裝瓶廠。但上海是「四人幫」的原來根據地，劉昌璽憶述：「當時市政府內的保守勢力強」，他說：「市政府抵制合作，上海的報刊電台等媒體發動輿論攻勢，甚麼資本主義，打擊民族工業等等大

帽子一股腦兒都來了。」我估計當官的怕放行後，被秋後算帳。建廠暫時無功而還。

劉也不放棄，請示中央領導及外貿部，獲批在北京設首間可樂廠，北京市政府亦歡迎。可口可樂就在中糧原來造罐頭烤鴨工場的一個倉庫，改建為可口可樂生產車間。總部為此免費贈送整條生產線設備，又因為北京廠用地下水，水質過硬，贈送了該廠一套反滲透的濾水設備，確保產品達到可樂的國際質量要求。由於設備及管理是當時國內最先進，不止飲品業者，甚至藥廠也來取經。

5.3 買可樂送筷子掀禁售危局

劉昌璽在書中指出，由於可樂太心急要開拓市場，弄到一晚之間，所有可樂下架禁售。他說：「他們（可樂）自己貼錢，賣一瓶可樂送一隻汽球，或者一雙筷子。當時物資缺乏，因此非常誘人，大街小巷的老奶奶背著孫子，喝著可樂，吹個汽球，多好玩。」

「這樣引起市場波動。《新觀察》雜誌（中國作家協會主辦，被視為開明派刊物）發文批評：「拿外匯買可口可樂，是賣國主義、洋奴。」《北京日報》送給高級幹部的文章（內參）的標題是〈可口未必可樂〉。當時有批示說：「可口可樂只能賣給外國人，中國人不允許喝一瓶。」隨即國內銷售一下子停了，工廠半年多處於半停工狀態。

「拿外匯買可樂是賣國」

可口可樂當然經美國駐華大使館等多方面交涉。起初中國衛生部門說：「可口可樂含有毒品成份，要求送上秘方。」在此之前，印度亦有同樣要求，公司當然不肯，選擇撤出印度。就那次中國的指控，可口可樂提交大量化驗數據，證明沒有有害成份。衛生部於是針對汽水的咖啡因，認為中國食品法例當時未有列明飲料中可增添咖啡因，拒絕放行。可樂派來大量食物科學家與衛生部周旋。

衛生部促交秘方

可口可樂又拋出銀彈政策，所有參與調查可樂項目的衛生部官員，都獲邀到歐美多國考察，比較各國對咖啡因成份的法例。這招「全包宴」實在太誘人，既實事求是地比較各國法例，而且得國家批准，不怕被說受人收買。終於，在多番「辯論」後，衛生部提出不反對，發出容許生產可樂的衛生證，先暫准放行。到事隔十年後，中國才正式有法例列出容許飲料添加咖啡因。

與此同時，中糧及可樂都知道，政治問題要用政治方法解決。劉在書中揭秘：「中糧曾利用『人民來信』的方式反映，通過外貿部的陳慕華部長交上中央。其後陳部長藉着送趙紫陽總理出訪的一趟車程，在車中談及此事，並且在機場遇到人大委員長萬里，她又獲得萬的支持。中糧於是代外貿部上報國務院，申請『解封』。」

05 在半封閉市場開荒

5.4 賣汽水賣到政治局

「申請書上，中糧把可口可樂的成份、成本資料全部附上。原材料大多在中國採購，入口的只有濃縮液原漿，一樽才含四分錢，用很少外匯，其實既賺外匯又賺人民幣，是大好事」，中糧總經理劉昌璽回憶，「看了申請書後，趙紫陽總理同意，並交最高權力的政治局批核。當時谷牧、姚依林、陳雲、李先念等都一一圈點（同意）。商業部、海關總局和多個部委聯合下文，同意可口可樂在市場銷售。這樣才再次放開了。」賣汽水驚動政治局，恐怕只有在國內才有。

在我到任不久、當時已恢復上市。一份記者觸覺，我感到這件事肯定是可口可樂在華發展的歷史中佔一席位。我通過朋友，拿到當時送到部委這份秘密文件的影印本，全有「機密」蓋印（可惜後來文件不知所終，實在令我氣憤）。此事幾十年後才曝光。我在可樂工作其間，對外都要封口。

建廠申請要政治局批准

劉先生在書中說：「可樂隨後即打算建第二家工廠，可樂和中糧各出資一半，原本說好在深圳。批准後，廣東省又想把廠建在廣州，但誰已不敢開口拍板。可口可樂總裁坐專機來中國，準備簽合同。廣東省領導在北京開全國人民代表大會。最終要

在中央領導的干預下，才落實在廣州。」經過了這些大風雨。可樂深知輿論及與政府的溝通很重要，必須下工夫。但當時到中國參與這些工作的外國人都因為各種原因，較難放開去做。我剛好在這個時候出現，對基督徒來說這是神的安排，或者是一般人說的命運。

話說自50年代初期的「抗美援朝」，多年的宣傳下，好幾代國內人心中，這樽汽水被視作「美帝國主義」、「資本家」象徵，飲可樂是「奢靡的美國生活方式」。加上文革剛過，中國人對外國資本家，尤其美國來的，或多或少都有點抵制情緒，處處小心防範。

可樂重返中國時可以說是舉步維艱。我86年剛上任到北京出差，就有當地同事告訴我，我們在香港習慣將運汽水的貨車漆上可口可樂商標。但北京廠這樣做，有可樂標誌的貨車從工廠開出來數百米，就被警察攔下來，扣車兼罰錢。在景點賣廣告，也隨即被當地政府「停產整頓」。當時公司上下都說：「可樂見『光』就死，一做廣告就被卡死，只能低著頭『發財』。」

不甘於「低頭發財」搞公關

可口可樂不會就此被打殘，目光轉向公關活動，投放更多資源，一有機會就辦活動。當時我們盡量避開有爭議性的文化音樂活動，聚焦體育活動，稍後會更多說明。

為公司在中國輿論護航，我受過不少指罵，有記者說我是資本家的吹鼓手、走狗及買辦，甚至賣國賊。我往往以輕鬆調侃的態度化解，這在當時較封閉的國內算是很少見。最難受一次是與公司總部談中國首次辦亞運會的贊助。中方有位頗有姿色、身穿「毛裝」的女翻譯，開會時一直板著臉。大家一起午餐時，我在說笑。她突然對我說：「你知不知道你們一幫人是啥，只不過是國家打開改革開放時，從南風窗吹進來的蒼蠅。」

我一呆，也馬上回了一句：「幸好你不是蒼蠅拍，否則肯定給你打死。不過若有死在你手上，已值了。」她滿面通紅加破口大罵，我起身去洗手間，免得弄得太僵，因為還不知道以後要不要繼續合作。

行鬼佬作風解僵局

當我第一次在北京主持「國際足聯訓練班」記者會時，所有同事及記者好友，都囑我不可不付「車馬費」紅包，不然新聞不會發出去。但可樂有每年一次的「道德守則」，列明不能付金錢給記者及官員，我簽了守則，我怕失去工作，不肯就範，幸好新華社記者來採訪發稿，一下子其他媒體都用了。

不能付金錢，那我隨後組織了主要跑可樂新聞的記者到北京郊外旅行，還鼓勵他們帶家人，送上很好的可樂紀念品，讓他們可以在社交圈中炫耀。這招立竿見影，網羅人心，大家都成為朋友，有時輿論攻擊可樂，他們會主動教我如何迴避。我辦活動前也請他們為我出點子、包裝新聞賣點。

用記事簿網羅人心

當年老闆在年底時，訂了《經濟學人》的紅色燙金的記事簿送給管理團隊。我拿出來記事時，一個電視台台長看見，讚不絕口，我其後訂了一本給他。我的團隊找到一家在深圳的港人投資工廠，竟然可以用十分之一價錢訂造牛皮封面記事簿。因為從國內匯款到香港不容易，還要付高昂手續費，所以老闆樂意減價做給我們，可以在香港套現。於是我請在中國的團隊盡量利用這個工具，去籠絡記者及合作夥伴。一本小小而燙上個人名字的紅皮記事簿，為我們廣開人脈，要知道那是未有智能手機及平板電腦的年代，這種可放口袋的記事簿很方便，盡見體貼的心意。

不少老總打電話給我，說：「其他老總都有，我沒有，太沒面子了。」記者則說：「老總有，我也能拿出來，多有面子。」腰板也挺直了不少。」當然說得太誇張，不過好幾年我都會在年底到各地主持年終感謝會，招呼飲宴，還有不同檔次的可樂紀念品抽獎環節。所以當我找記者幫忙出點子時，他們總拿紅簿仔出來熱情回應。

5.5 可樂是政壇溫度計

當時中國政府對可口可樂真是又愛又恨。一方面可樂來華，有極重的招商引資廣告效果；另一方面，他怕你佔領市場，各地可樂項目經常要招待政府帶來參觀的「外賓」。可樂在華的待遇，更是當年「中國專家」估計國內保守派與改革人士角力結果的表象。

可樂擺上國宴枱面

當年中央電視台每晚六時的《全國新聞聯

播》都會報導各國外賓來訪消息，國宴枱面一定放玻璃樽裝的可口可樂。每當政治運動捲起，如「反資產階級自由化」、「反資本主義精神污染」等等，國宴款待馬上換成「北冰洋」牌的橙汁。

駐京外國記者、外交人員會來問個究竟，接電話前我已從當地記者及中方同事收到蛛絲馬跡，已略知一二。但我面對採訪全都裝傻，說要核實一下，顧左右而言他，不了了之。因為我深知如果開口，便被外媒引述，當時可能會立刻被扣上「泄露國家機密」的帽子。工作丟了可以再找，萬一關入獄中，就自找麻煩。有相當一段時間，可樂是否出現在餐桌，儼然中國政治晴雨表。

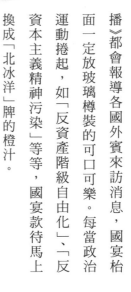

5.6 化解「可樂殺精」輿論戰

正當各方面的營商條件都在改善，「可樂殺精」的謠言突然爆出。當時中國實行「一孩政策」多年、這個「陰險」的謠言，很是來勢洶洶，報章雜誌不時出現「可樂殺精新婚勿喝」、「可樂殺精　要生男勿喝」，更甚的「可樂殺精絕子絕孫」。細查之下，我發現這個謠言起自兩個當地有相當實力的同業大廠：廣東「健力寶」及重慶的「天府可樂」，他們誇大了一份美國哈佛大學幾個醫學院研究生的報告。哈佛大學三個醫科生將精子放入古典可樂、健怡(無糖)可樂，櫻桃味可樂等不同樣本，每隔一段時間觀察精子的活躍情況，發覺在健怡可樂中，精子死得最快。這本來是一個輕鬆玩笑的研究。

但對中國競爭對手，卻是個千載難逢的機會，加上時代氣氛，對手不用鼓吹記者，記者大多本著「愛國主義」，拉「民族企業」一把。我看到這則報導，馬上通知主掌中國業務的美籍上司。誰知道他很淡然：「這個瞎扯誰會信，不用理會。」

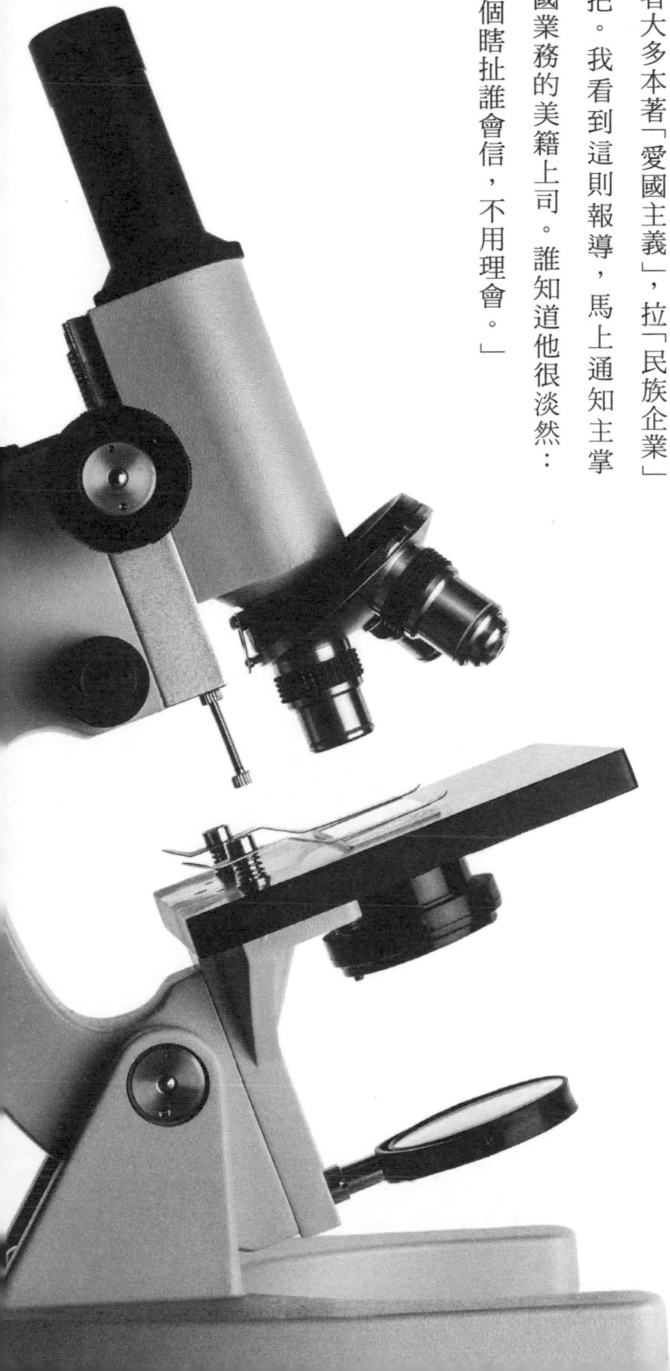

美籍上司一笑置之

在此之前已有好幾起類似謠言。就在我入可樂不久，台灣有一位教授開了個記者會，將可樂倒在一盤豬腸裡，豬腸「洗」得很乾淨。於是他呼籲大家不要飲可樂，因為它會傷害你的腸。幸好公司請了一個醫學界權威，出來解釋活生生的人，腸臟有分泌物中和喝到肚子的汽水，大家才放心。

不久之後，亦有牙醫放一隻牙入可樂，幾天之後，牙齒「腐蝕」出幾個洞，遂謠傳可樂弄壞牙齒。總部發表資料，指將牙齒放在果汁亦有類似情況，也顯示口水會中和碳酸飲品，況且很少人會把汽水長時間含在口腔，所以沒問題，公布後謠言才止息。「可樂殺精」這個謠言因為我們沒馬上出來解釋，加上「一孩政策」愈傳愈厲害。其後我到上海出差，猛覺這個問題已是非處理不可。

先找證明　再弄公關材料

那時候可口可樂任何直屬單位的職員，不論甚麼等級，每人每月可以領一箱公司產品，大多數人都選可樂。「殺精」流傳以後，我與當地同事傾談得知已沒有人領可樂，連自己系統的人都對流言深信不疑，早晚會出事。我與老闆向總部求助，總部同事笑說：「從未聽過這樣的事情，我都不知如何處理。」我提議他們找到一位哈佛大學醫學院的教授站出來：「男人精子排出體外，過了一段時間一定會死，不管你加在甚麼液體。」他還說：「男性精子只有放入女性生殖器官，才會不死，還會做人」。

佐證有了，我寫了一批文章及製作一套幻燈片（那時沒有社交媒體，影片也不發達），飛到上海，召集外事及銷售的同事，先「搞掂」自己人，再動用「一切可動用」的媒體關係去闢謠。效果是有的，但不能完全消除謠言的影響，畢竟很多人會抱住「寧可信其有」的心理。雖然經過很大的努力，但謠言只可減少出現的機會，很難完全擊退。往後十年謠言都不時「輪迴」，我在任時一看到，一定要同事跟進。

我後來有機會往重慶探訪「天府可樂」，因為雙方曾有合作意圖；我亦在一次大型體育活動的開幕禮中坐在「健力寶」老闆旁邊，兩位創辦人都很有幹勁，不過都因為不同原因，無法將其產品做大做強。幾次合作機會都擦身而過，在於可樂渴望高速增長，談判的條件自然不會太多讓步。

5.7 六四後密訪中南海

可口可樂在中國發展的另一個突破口，要算是1989年的六四事件，可說是充份體現了中國古諺「有危就有機」。

現在的年青人可能不清楚六四事件。在1989年春天，中國青年及學生示威，要求政府打擊貪腐官僚，其後學生佔領天安門廣場，演變至政府派軍隊清場及戒嚴。中外迴響很大，很多外企撤退，歐美發動制裁。一年多後，經濟及民生才漸漸恢復起來。

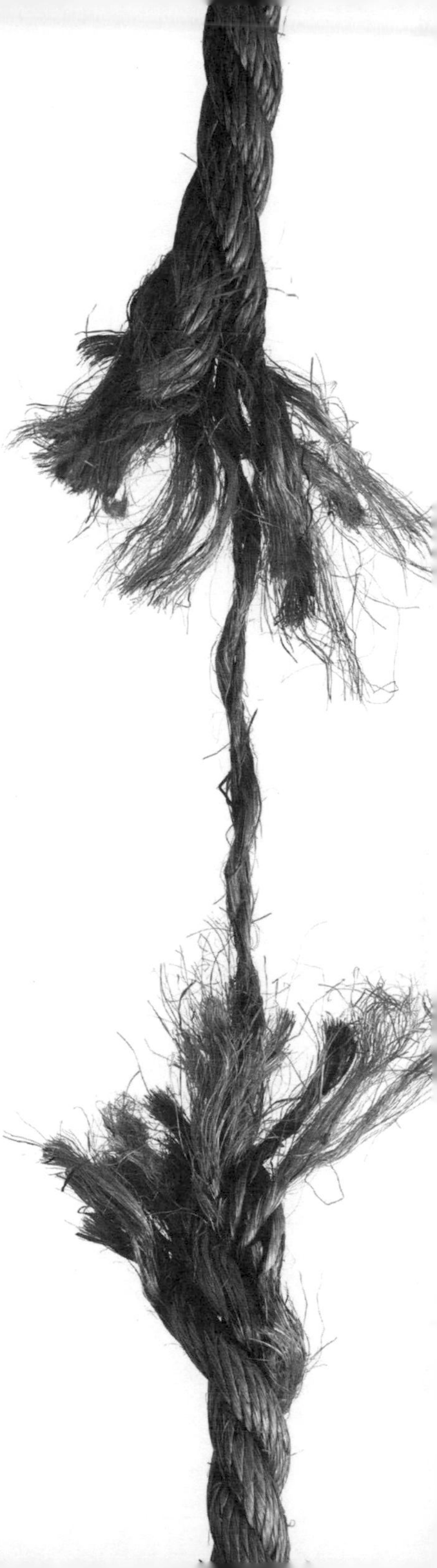

可口可樂中國公司的總裁是范庭銘。很多人叫他花名做「飯桶」，他工程師出身，是一位化學博士，獨身，脾氣不錯，很少發怒，生性孤寒。他交一件事給你做，都很詳細過問細節，令你煩得要命，是一位典型的微觀管理者。

歐美制裁　外企差不多全撤

天安門事件發生其間，絕大部分的外資都撤走人手，可樂當然沒例外。唯獨范庭銘不走，他的辦公室在可樂及中信集團的合資企業中萃公司，位處天安門長安街附近中信大廈的頂樓，老范探頭觀看坦克車開入城時，士兵向中信大廈開槍，老范說自己身手敏捷，才沒被流彈打中。真相到底為何，只有他自己知道。這起射擊事件《華爾街日報》有報導。

由於當時可口可樂在華擁有十多間罐裝廠，濃縮液廠亦投產了。可樂自從78年重返中國，十年間斥巨資，建設生產及銷售網絡，虧損了十億美元，但短短幾年間已追回損失，故此不可能在這個時間撤出中國。在高層反覆研究下，可口可樂決定兵行險著，將寶押在中國了。

時任可口可樂亞洲區總裁享達秘密到北京，匯合了范庭銘，在中萃夥伴的幫助下，跑到中南海，會見當時分管飲料等輕工業的田紀雲副總理。在絕大部分外商都跑了的形勢下，可口可樂兩位老外高層竟然送上門，並且對中國政府保證，可口可樂不單不撤資，還會加大投資。

可樂留華加大投資

當時這個消息千萬不能泄露，否則很多西方國家，甚至香港消費者，很可能會罷買可樂。我當時實在心驚膽跳，因為有任何風吹草動，總要我出來處理，心血少一點都會暴斃。但這一動作，可口可樂的確押中了，更贏了不少分數，當時整個中國領導班子都對可樂好感增加不少。

六四事件對中國的旅遊業影響十分嚴峻，有一段日子所有商務客、遊客都不來中國，飲食業重挫，北京街頭本來三四元一罐可樂，竟然在地攤一元三罐都無人問津。可樂與所有消費品同樣要捱過這個「寒冬」。我曾坐一班機到北京，幾百個座位，只有少於十人，不少公司更安排包機接載員工及家屬離開中國，很長一段時間都未返北京。

六四事件後，西方列強用盡方法孤立及圍堵中國，抨擊、抹黑、杯葛，各種角力排山倒海。

5.8 有史以來最貴早餐會

就在孤立中國的高峰期，1990年，中國派出當時還是上海市長的朱鎔基率領代表團，五個市長成為六四以後首個高級別的官方代表團訪問美國，尋求突破。朱市長在公開訪問中，說自己此行是給美國人「消消氣」。

可口可樂，看準了這是一個黃金機會。當時安排旅美行程是美中關係全國委員會，可樂作為委員會的主要成員及贊助機構，在背後全力支持，代表團到訪的好幾個地方的餐會都是可口可樂贊助的。當然美國商界亦想藉機破冰，重獲這個人口龐大的市場。當時另外四名市長來自武漢、合肥、重慶、太原。

可口可樂當然不會白白出錢，向美中委員會提出的要求便是：代表團行程中，安排一個與可口可樂單獨見面的早餐會。有關要求提出後，很多美國同業都說不可能，因為行程早已由雙方定了，但是有錢能使鬼推磨，這個可能是可口可樂公司有史以來最昂貴的早餐會，終於在代表團抵美後搞定了。

朱鎔基訪美　可樂背後發功

可樂在兩三天內落實這個行程，香港方面由我陪同范庭銘總裁前去華盛頓，在代表

團所住飯店舉行早餐會，公司更特別訂了豆漿及油條，華盛頓可口可樂政府關係人員亦傾巢而出，原亞洲總裁享達已升為國際部總裁，由他領軍赴會，他與中太平洋區總裁施萬富從亞特蘭大坐公司專機抵達。

由於早餐會時間有限，最後公司決定省卻翻譯時間，由我向代表團以普通話匯報。匯報後朱市長還問了不少問題，大家都說：「以前未知這些資料，以後對可樂的觀感都有所改變。」

早餐會的氣氛很好，我借機建議新華社隨團記者，由他特別為「內參」（即「內部參考」，只在黨政系統內部發表）發了一條有關朱鎔基代表團與可口可樂高層見面的報導，文中大部分用上我們準備的材料。這當然是中國政府默許，是不是與中南海見面有關就不得而知。

發「內參」文章

會中除了上海市已有可口可樂廠，其餘市長都邀請我們去訪問，探討在當地設廠。公司其後派出團隊回訪每位市長，與市長打好關係，不單每個城市都建廠，還有其他新據點，終於創造了可口可樂在中國發展的突破。

此事以後，總裁享達訪華，與一位副總理見面，那時中國開放政策已進步很多。那位副總理說：「你們每建一個新廠都要送批，雙方都花太多精力，我們有很多比這個更重要的事情要辦，不如搞個「一籃子計劃」，一次過批多個廠吧！大家都省事。」享達當然高興，於是雙方馬上組成團隊跟進。

經過兩年半的談判，中國政府一下子批了十個罐裝廠給可樂，簽約儀式在釣魚台低調舉行。從此，可口可樂要每一間裝瓶廠都不用走逐一向國務院報批的日子。

送錢回美國 不能張揚

競爭永遠是殘酷的，在可樂費盡九牛二虎之力獲得十個新廠批文後，百事可樂馬上找上了美國前國務卿基辛格，由他牽線找到中國政府有關官員，說批可樂十廠此舉會造成不公平競爭，爭取同樣批給百事，中國政府才能好好平衡兩樂在華利益，對中國飲料業發展有正面幫助。一年後百事亦獲得十個新據點，兩樂於是進入了全速發展的黃金時間。

可口可樂在中國頭十年虧了十億美元，但靠著濃縮液廠投產，濃縮液還出口到亞洲市場，很快賺回了這筆錢。當時中國對外匯管制很嚴，可樂賺到的錢，要到外匯管制局通過有關程序，才能通過銀行系統匯回美國。作為公司在華的外事主管，我要出盡一切方法，不讓外界知道公司將大量錢送返美國。盡管那是正常的營業收益，但捅了出去，飲料同業或會大做文章攻擊我們。

由於要盡快令獲批的十間新廠投產，公司物色更多夥伴，大展鴻圖。可樂早年在美國迅速發展，是靠一個「特許經營系統」，這是一個令可樂封了虧本門的手法，公司只是提供罐裝廠糖漿或濃縮液，再劃定一個市場給你，承辦「特許經營」的人要負擔所有風險，諸如設立廠房、物流、收帳等等。任何差池你自己負責。因此，我曾因為大馬糖王郭鶴年投資建廠，而與這位商業巨擘共事一段日子。

可樂頭十年蝕十億美元

當然特許經營權發展至今天，可口可樂會在利潤中抽取某個百分比，以做廣告促銷。與特許經營者一同開發市場，風險始終是後者大得多。可口可樂作為跨國企業，他們追求擴張市場。賣得愈多，用的糖漿或濃縮液愈多，可口可樂賺的錢愈多。但是經營罐裝廠的特許經營者就要小心，生產太多的話，市場價格下滑，到頭來得不償失，所以廠方一定要找出一個平衡點，不能任可口可樂公司擺佈，雙方才能得到最大利潤，公司與廠方都要經常「角力」。

5.9 由我指揮造勢入北韓

可口可樂把握中國改行改革開放的時機，是當年掌管可樂全球業務的主席及首席執行官郭思達的主意，我沒有參加重返中國那次壯舉，屬於我的壯舉是由我指揮可樂進軍北韓。

郭氏是古巴一個貴族的後人，生自富裕家庭。當年古巴已故領導人卡斯特羅取得政權後，他被迫流亡美國，從一個工程師出身，一直爬到主席職位，實有他的一套。

他既有工程師那種著眼於數學及細節，亦極具戰略性眼光。他主政的十多廿年間，可口可樂公司的股價升了廿多倍，故此深受可樂股東及股民的愛戴。

他早年已準備一份計劃書，一旦可口可樂能重返古巴時，他採取甚麼步驟、如何迅速進佔市場。他每年都會把計劃書拿出來，重新檢視一遍，由於他這份執著，漸漸將這份作戰計劃，放諸全世界未有可樂的市場。

蘇聯市場敗給百事

可口可樂是美國公司，而美國監管企業海外業務法例十分嚴密，絕對不能與美國敵對國家通商，否則公司主席會坐牢。由於美國的敵對國家不少，所以郭思達下令，所有未有可樂的國家，一旦從「敵對國名單」剔出來就要開始「作戰」。

郭思達對這份計劃書的沉迷，源於可口可樂曾在蘇聯市場慘敗在百事可樂。百事的長期顧問是美國前國務卿基辛格，還有當年還是律師的未來總統尼克遜，也曾為百事服務。通過兩人的關係，在五六十年代，蘇聯給予百事可樂該國的獨家營運權，換取百事為蘇聯在全世界經銷伏特加酒及一些農產品物資。百事在蘇聯的勝利對可樂高層來說，算是很難嚥下的一口氣。因為蘇聯版圖之大，是能與美國抗衡的唯一對手。這次挫敗，令公司決心去完成進入或重返潛在市場的計劃。

我記得那一天，接到那個從華盛頓同事打來的電話時，我與太太還坐在香港一家電影院，正看葛優主演的電影《甲方乙方》。我跑出電影院接電話，才知道老闆決定要啟動「進軍北韓」計劃，只得少於一星期去實現。

一周後克林頓與北韓破冰

華盛頓同事知道，總統克林頓將會在一周後向北韓示好，同時宣布將北韓剔出「敵對國家」名單。總部高層反覆討論，大家都看不透這個是否一閃即逝的機會，但還是決定「作戰」。經過多場討論如何將產品運入去，有三個較高成功率的方案；第一，從北京開往平壤的火車；二是從南韓運過去；三是從與北韓接壤邊境城市，靠邊貿運過去。南韓當時是屬於我的管轄範圍——「大中華區」。在我吩咐當地同事研究這可行性後，南韓那邊的頭頭很快就回覆，那條路子走不通。北京至平壤的火車線亦回覆行不通，總部當然不高興，給我的壓力不斷提高。

北京辦事處外事主管翟嵋是一個靈巧的人，她連日打聽，發現可樂早已是遼寧省丹東市中韓邊貿的熱門貨。當地的批發商由珠海可樂廠入貨，再由開往北韓的小貨車上裝可樂，供旅遊點及高幹用。經銷商甚至在中朝關口，友誼橋不遠的地方打可樂的小廣告。

我知道這是一個「千載難逢」的機會，公司為防走漏風聲，只有我和她是直接參與，並且直接匯報給美國總部。總部亦在打資訊戰，對手百事也在全速辦這件事，我們要不惜代價，快人一步。我深知這是一場國際大「表演」，成王敗寇的一局，所以暗地找來我很友好的英籍路透社攝影師及新華社記者。那是雙重保險，萬一新華社基於某些原因不發這條消息，我還有路透社在手，這條新聞，對路透社來說，是不可能不用的。翟嵋亦連夜趕到丹東在前線佈置工作。

5.10 為張相冒險驚動邊防軍

我與翟嵋商量好的計劃是由兩個記者跑到友誼橋的入口，讓載有可樂的小貨車進橋口，將經過拍攝下來，大家都很清楚我們只要一張相。兩個記者也明白要拍了就跑的戰術。由於自己當記者多年，我深信兩人會全力以赴，因為真是千載難逢。新華社記者在現場還有一個極重要的作用：萬一被邊防軍逮住，他們也會給新華社面子，大事化小，最多沒收底片，寫悔過書就了事。「新華社」會保得住全局。

克林頓終於如期宣布向北韓招手了。我們的秘密計劃立刻展開，當天我如坐針氈，整天關在辦公室，要秘書替我擋住所有來人。老闆則出差在外，翟嵋與我共事多年，知我性格，不時打電話來報進展。

找新華社記者「買保險」

正當一切順利進行，兩個記者在友誼橋舉機不久即被逮住，邊防人員將他們身上幾部相機的底片都充公。正如所料，罵了一頓就趕出來。當時大家都十分沮喪，臨門一腳泡湯，如何面對江東父老。

薑還是老的辣。原來路透社記者駐華多年，除了幾個大相機，還有一部微型機偷拍。照片清晰顯示小貨車過友誼橋。當時我要馬上決定用不用這張相，真是「一念天堂，一念地獄」。用的話，新華社沒照片，路透就獨家了。兩人同去，我這樣做就是見利忘義。我心中還有更多考慮，照片出來了，邊防軍人一定會被罰，而兩記者及翟嵋的航班是翌日的，有機會馬上被扣留，還有我自己多年在國內中外傳媒建立的人脈網絡可能毀於一旦。我實在不忍「出賣」他們。

「可樂運入北韓」熱話大成功

所以我提後備方案：請他們三人再找批發商協助，拍一張可樂裝上北韓小貨車的照片，然後公布可樂今天「進入」北韓了。這張相風險不大，應該夠用。加上在美朝關係回暖的幾天內發生，傳媒一定會用。我也怕總部同事出賣我們，這張珍貴圖片扣在我手裡，等事件後幾個星期才發過去。其實下決定不出半小時，照片就出來

了。我將總部已預審的新聞稿及圖片說明送去美國，說明先讓新華社及路透社出稿，我們才回應及發自己的新聞，所有宣傳系統都準備好，當然也安排好下達大中華區員工的信件，由總公司跟進。

果然這則新聞熱到炸鍋，不止其他國家的通訊社打電話來採訪，NBC（美國全國廣播公司）都打來，美國境內可以用「鋪天蓋地」來形容。記者問百事回應，他們的發言人說：「北韓的市場還很小，可樂進去沒有什麼大不了。」我沒心思去管別的了，總算完成這場「國際」任務。

05 在半封閉市場開荒

識做語錄

When your BOSS asks you to jump, don't ask why, ask How HIGH.

「老闆叫你跳，問跳幾高，不問點解。」

這是資深傳媒人黃應士教授的心得。教授在美國留學，邊讀書邊做記者，被譽香港「新聞教父」。曾經不少同事或手下來辦公室質問我：「老闆，這都不是我們犯的錯，為什麼要我們去解決。我們要企硬，任由他們去死。」有一些更自作聰明：「老闆，人家倒瀉屎，我們去當傻仔替人擦屁股，今後點出來行？」我心情好時，會說：「公關這一行，當其他人閃避，就是印證我們價值的機會。公司也只是這個時候會要人畀人、要錢畀錢。你有表現，不愁沒有進入管理團隊的機會。」換言之，要懂得把「執行任務」轉化成機會。

6

要識享受拆彈

6.1 五萬噸臭雪碧 搶救時刻

「有平台你去表演就好好珍惜，花無百日紅。」稍有經驗的公關會心笑笑點頭，剛入行的年青人偶而會駁嘴，說我麻醉他人為公司賣命。開始時有點激氣，很快我就知道夏蟲不可語冰，懶得再說下去。

我在可樂印象最深刻的危機是回收五萬噸「臭」雪碧，時為90年代初、杭州。當時可樂產品供不應求，只要你手中有貨，不愁沒買家，經銷商可以轉手好幾次，仍有利可圖。中國八間廠之中，杭州及南京兩廠是可樂直接與中信及當地單位合資的。

廈門廠踩入杭州廠銷售範圍

廈門可樂廠是可樂較早與輕工部合作的工廠，只獲授權罐裝檸檬味「雪碧」及水果味「芬達」。輕工部的廠，班子都是工業行內出身，有別於中糧旗下是外貿班底。所以廈門廠生產力很強，本來只准在福建省銷售，但旁邊的浙江省杭州是旅遊城市，市場需求高。廈門廠的貨，早已流通江蘇杭州一帶。

杭州廠剛投產沒幾個月，已與跨省過來的廈門廠爭過你死我活。但市場大，還有彼此容身之處。杭州廠早已心心不忿。就在這時候，廈門廠出現質量問題。該廠生產的樽裝或罐裝「雪碧」打開後會有一股臭雞蛋味，但放一會就沒有了。杭州消費者或許較多接觸外界，所以很快就投訴。杭州廠亦想趁機趕走廈門貨。這件事很快就送到香港的中國總部來。

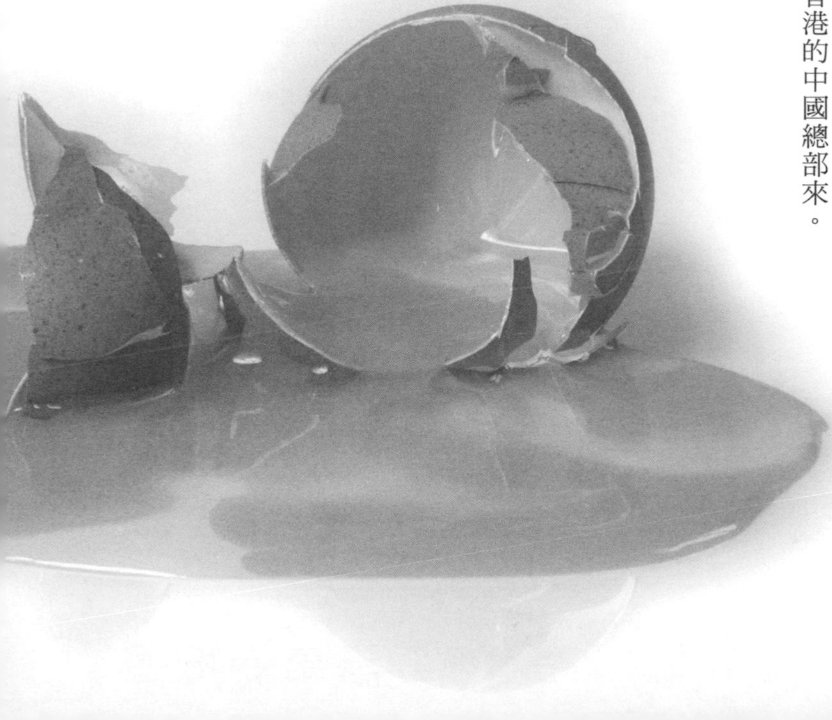

買山寨原料＋關過濾器

那一段時間我剛放假，準備與太太去日本旅行。出發前一天，大清早中國部總裁打電話來，要我急飛杭州處理，公司會賠償我行程的損失，我沒法拒絕（太太當然很不高興）。當我趕到杭州時，才知道事態嚴重——牽涉的汽水可能很大量，是以火車運來的「車皮」（即多少卡火車）計算、數量上萬噸。

技術部外籍主管比我早幾天抵步調查，他分析：加入雪碧的二氧化碳，有過濃的硫磺。很多人都知道，汽水是不同口味配方的濃縮液或主劑，然後加入水及二氧化碳而成的。那位主管告訴我：「調查所得，廈門廠希望在夏季大量增加生產搶市場，所以他們關了過濾器。」

事緣可口可樂批准的二氧化碳供應商沒法增加供應，廈門廠轉而向本地山寨廠買氣，質量控制也沒把好關，其二氧化碳氣內硫磺濃度超標。

汽水一出生產線，再留廠七天後化驗才可以出貨，為何驗不出來？原來高琉磺二氧化碳因為微量，要到14至21天內，才會與液體與樽蓋（或罐封）之間的小量氧氣混和，變成硫化氫。微量硫化氫在開汽水時，就會衝出來。若果倒入杯，會很快散開，消費者未必察覺。但對可樂國際品質控制水平，這是完全不可接受的。

6.2 調停內鬥 救品牌形象

廈門廠知道出事後，派銷售主管到杭州協助處理。那位仁兄竟然告訴我，汽水化驗的衛生指標達到當時的國家標準，政府有關部門都奈他不何。他一口拒絕告訴我到底有多少貨出了廠。事後從廠方紀錄才知道有問題的二氧化碳已用了好幾個星期，運出廠的問題貨，可能高達100個「火車皮」。

靠關係找副市長壓住報導

即使紙包不住火，我也要盡力防止消息見報、防止此事燒到其他市場。幸好當年中方投資者是杭州茶廠，是國營企業，通過他們的關係，知道第二天早晨分管市政府所有宣傳口(即是所有傳媒)的副市長會在市內一酒店與日本訪客吃早餐。那時中國大城市除了市長外，還有七名副市長，分管不同領域。我搭線找到副市長的秘書，他們商量以後，覺得事態嚴重及緊急，沒時間去報批。於是上演一場「戲劇」。他秘書叫我在副市長見客的房門外等，副市長去洗手間時，我們就在走廊「相遇」，避免所有開會或見面報批或記錄。副市長很清楚告訴我：「若果你能在三天內大致解決問題，我可以壓住報導，放你一馬。」我當然十分感激。

公司營運部同事同意要盡快處理市內主要經銷商手中的貨。但那時正是夏天旺季，除非我們拿良品去換，否則經銷商不可能將「肥肉」雙手奉上。目前唯一出路是杭州廠。幸好杭州廠是由公司直接投資，總經理是香港人，大家相熟。但我一開口，他也是馬上拒絕，藉口是全夏天的貨都被人訂購了，目前全中國供應緊張，那裡有空樽空罐可以生產？

碰壁的事交老闆施壓

碰了一鼻子灰，只有打電話給老闆求助、另派人過來。誰知老闆說：「現在全公司都沒有別人能處理，你用盡方法去做。你要用甚麼資源就去用，杭州廠總經理的事，你交給我。」事後才知道，公司作為中國最大的飲料生產商，包裝材料供應商只好在「大棒及胡蘿蔔」的威迫利誘下，額外趕工供應塑膠樽及汽水罐，趕運杭州。

我與同事擬定，聘請一班農民，租用數十輛貨車，每晚取消交通管制那一段時間（八時至清晨六時）進城換貨。一則避人耳目，二則路面暢順。所有支出由廠方墊支，很明顯是老闆發的功。

因為要處理的事很多，我借用了工廠一個辦公室。隔日我甫回去，幾十人圍上來。他們說：「現在是廈門廠的人到我們地盤搶我們的飯吃，為什麼你不主持公道，還要我們幫他們去『擦屁股』。你沒有一個妥當的說法，我們不會罷休。」我讓他們稍安毋躁、並大聲說：「雪碧剛在這裡投產，老百姓不會注意手中的產品是哪家工廠的出品。若果我們不一起妥善處理，大家就乾脆不喝了，到時大家都丟了飯碗。我們今天救的不是廈門廠，我們要保住是『雪碧』這塊經多年來在全世界豎立起來的牌子。我們是不能讓它倒下的。你們付出的，公司亦不會虧待你們。」

臭雪碧差點倒入杭州灣

這下，大家安靜了，很快就各歸各位。大批塑膠樽及空罐運來，集合廈門杭州兩廠力量，做成新貨。公司營運部團隊則動用所有力量，在杭州郊區緊急租了一個倉庫，管理所有問題產品，由專人監管。由於回收產品實在太多，汽水有糖，不能隨處丟棄，又怕農民偷偷倒賣回收汽水。等回收產品車一到，就將塑膠樽樽頸斬開、汽水倒入大桶，他們居功至偉。

上位接管大中華區外事部

我找上另外一位負責衞生事務的副市長請教廢品處理方法，她建議我們用船將臭雪碧運到杭州灣外，倒到海裏。這當然行不通，可樂勢被傳媒斥為環保殺手。最後同事安排回收汽水運到一個酒精廠去處理，局面穩住了，副市長亦沒有食言，沒有傳

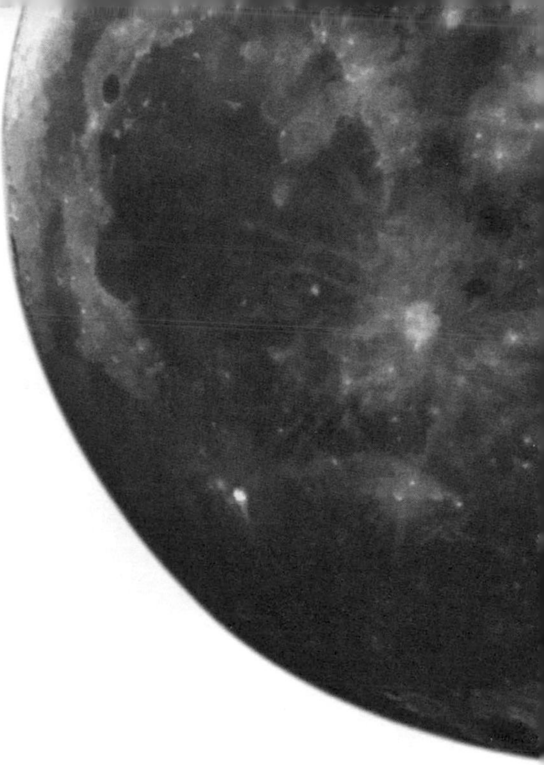

媒報導。同事告訴我，很多附近的雪碧經銷商都聞風而至，最後回收的汽水，高達五萬噸。

事件完結後，老闆跑到我辦公室來，下令所有相關資料都要銷毀，他的助手及我的秘書，用了很多時間「清理」電郵及公文檔案。所以後來的同事亦不知道此事，從內部文件永遠查不出來。可能大難不死必有後福，公司那段日子有感中國業務開始有一定的增長，要將大中華區從中太平洋區分出來。我原來上司又升職到任日本，公司正在考慮擔任大中華外事部的主管人選。因為杭州一役，與我一併遴選的老外同事被調到新加坡，由我上位。在後來，我更升任大中華區外事副總裁。

6.3 可樂被勒索 施壓警方阻曝光

MaIL

我也曾經處理一宗公司被勒索、險些在不受控下曝光的事情，因為有警官想自我宣傳、製造升職條件，便向傳媒透露了細節。該報採訪主任打電話給我，我才得知。我找到警方極高層，表示如果這件事真的泄露出去，我會向傳媒爆料有警員查案失職，並且要求美國領使館介入。在港英殖民時代，這招管用，逼使警方出手要求傳媒扣起消息。

BLACK

古怪包裹寄到三大飲品公司

事件開始是本港三家主要飲品公司差不多同一時間收到一包物品，裡面有字條和幾包紙包飲品。包裝上有明顯針孔，再用蠟封好。我們與第二大公司都報案，只有老三以為惡作劇，丟掉包裹。

由於相信是同一人所為，兩案合併處理。過了幾天，城中一份銷路不錯的日報採訪主任打電話給我，說已拿到案情細節，不論我是否回應，明天都會見報。我問他掌握多少，他果然十分清楚。我見勢色不對，立刻談判，答應他疑犯落網便和盤托出所有細節。不料他馬上拒絕，說他只是象徵性問我，以便他發布這獨家新聞。

我放下電話，推斷是負責該案的警司泄漏給記者。我也認識該報負責報導大案的記者，我們曾在《星報》共事。

以美領館關係來談判

幸好我去警方開會及錄口供時，碰到偵緝部門頭頭，是一位英籍總警司。大家交換名片及談了幾句。於是我直接打電話向他投訴，告訴他若報導出街，我會通過美國駐港總領事提出交涉。當時美領館在港設立了一個太平洋安全議會，其中兩位商界代表，我老闆是其中一人，因此與他們熟絡。

為了雙重保險，我寫一封投訴信至警方極高層，由司機馬上送去。果然到下班時份，那位採主打來罵我一頓，說他被警方施壓，要扣起這篇報導。我再拍心口，捕獲匪徒後會兌現承諾，告訴他所有內情。

其實我已經做好自我保護措施，將事件經過及補救措施列出，加上可能發生的輿論問題及答案，送上老闆及總部同事。萬一報導出了街，處理方法也經過眾人同意。這是在跨國企業生存的必殺技。

過了兩天，那位採主又打來說疑犯已被捕。我向警方查證後，便將事情始末告知。第二天爆出獨家報導，其他傳媒只好跟著走。營運部同事說此事沒影響生意。多年後彼此都退休，在朋友圈經常見面，偶爾談到此事都樂在其中。

6.4 老闆訪華被當偷渡客

在我處理的危機中，有一次差點「害死」主席，其實每次老闆訪華，我們都驚心動魄。

由於可口可樂是最早進入中國的國際公司，亦是最早以企業專機接載老闆訪華的公司之一。全盛時期有13隻不同大小的飛機，企業飛機小，遇氣流較不穩定。未坐過私人飛機，自然很嚮往，但坐過後，我會盡量選搭民航機，因為空間大一點，有多點地方走動，還不用陪老闆，自由自在。中國航空領域由解放軍控制，所以剛開放的私人／企業飛機來華的手續都非常繁複，需要美國駐華使館居中協助。

海關企硬　搵市政府出面

有一次，我按所有程序去接機，就在返酒店途中，同事急致電說海關指總裁沒有簽證，被定為非法入境、偷渡客，要車隊馬上返回機場。我當然不就範，堅決不讓車隊折返。如果聽命，總裁一定會被扣留，整個行程便泡湯。他一定會很不開心，我也不會有好日子過。我簡單向他匯報後，即安排團隊分頭找關係，尋找解決辦法。

總裁已很擔心自己被逐，而又一旦發生，這事在商界傳開，試問他顏面何存。我開玩笑說：「只要你今日與我一起，我會盡力令你無事。」

海關很兇，他們說總裁沒有入境簽證，公司的飛機要列為載送偷渡客入境的工具，所有機組人員都是協助偷渡的疑犯。我最後找到上海市長辦公室的人出面協商，特別批了落地簽證，總裁的護照連同簽證一併到手，公司付了一筆罰金便完事。原來總裁的新人秘書不知就裏，而機組人員也沒有檢查便起飛，因此差點釀成笑話。

與百事爭廣告地盤死了人

以前總裁下了私人飛機，定要租用開道車，當時的司機說：「這是國賓待遇。」一如今天外國主要官員到訪，警車在前閃著指揮燈領路。

我每次有大老闆來訪，便很早落實安排開道車。有一場市長顧問會議，可樂及百事主席一齊獲邀出席。首先雙方的銷售人馬會在整個城市，從機場到市區所經之路，從老闆入住的飯店到開會地點沿途，都張貼了各自的廣告海報。各自入住的酒店會專供各自旗下的產品。當時上海及某些大城市會組成市長顧問團，團員亦是各大企業的主事人，目的是政治「騷」及招商引資。可樂與百事的人馬都會在這些場合見面。有一次兩樂的銷售人員因為爭位貼廣告，真的幹起來，而百事一個銷售員被打死了。

上海市公安及市長辦公室都很緊張，因為這件事在市長顧問團開會其間發生。若果走漏風聲，會成為國際新聞，亦令上海市長面目無光。我代表可樂與百事的老總在銅鑼灣一間酒店談判，可樂答應賠償死者家屬，雙方同意要大事化小，不能再有任何報復行為。想不到做公關亦要像黑社會一樣，為命案談判。這事一直未曝光。及後，我有一個舊同事去了百事，他說那次我方答應的賠償，上海同事一直沒付錢，雙方不了了之。

6.5 我差點殺了公司主席！

古巴裔的董事會主席郭思達是新中國成立後，首位訪華的可樂公司主席。由於他領導可樂十多年來，公司股價漲了廿多倍，不論華爾街股票評述員或股東、股民都臣服，在美國商界地位很高。他非常注重外界對可樂公司業績的看法。若果某報股票分析稍有錯誤，他會親身寫信給他們糾正觀點；若果分析唱好，他則寫封感謝信並附上小紀念品，所以華爾街誰沒有收過他的信，誰不算有「地位」。

主席極受華爾街肯定

公司就主席訪華提前18個月就通知我，他的保鏢也提前幾個月到中國考察、與我一同做準備。在與主席保鏢「考察」各地時，我才知道每到一個地方，都要預先找出最佳撤退路線，還要有不同應變方案。萬一要改路線、受困如何脫身、去醫院最快的路線。即便公司還有醫生顧問，也需預先聯絡各專科的頂級專家。這事也影響到我，每到一個新地方用餐或旅遊，自然會注意逃生通道及廁所在哪裏。後來，這個習慣也幫助我在迪士尼及領匯（即領展舊稱）應付示威者，防止他們軟禁公司領導。

郭主席當時只有60多歲，但已患柏金遜症，經常雙手發抖，他刻意不要讓人知道，而自己也很怕看醫生，所以公司對他訪華安排十分重視，還請了一位醫生、一位護士及一整車醫療設備加入訪華大部隊，幸好十天行程都用不上。

對芫茜過敏　菜單沒把關好

郭老對香茜過敏，香茜會令他喉嚨發大，嚴重會窒息，整個行程每一餐的菜單當然都小心挑選。但人算不如天算，他成行前幾天，因為在中國大飯店（位處北京朝陽區的五星級酒店）一道菜的材料缺乏供應，我們改了餐單，換上一道石榴雞。想不到香茜有混入雞肉，包在石榴粉皮裏是看不見的。幸好他咬了一口即感覺不對，馬上用可樂把它沖下肚子，避過一劫。事後不知多少人來罵我差點殺了主席，在整個行程剛開始就受了很大的壓力。

老郭每天都要喝伏特加酒，喝了手震大大減少。所以每次酒會開始，他的保鏢會先遞給我一杯伏特加，我安排侍應轉交，外人還以為他喝水。

冀見江澤民　打網球拉關係

公司主席首次來華，當然要見最高領導人，時任國家主席是江澤民。由於江澤民做過上海市長，在位時參觀過上海浦江可口可樂廠，並且提字。既然有淵源，公關團隊還能找他身邊的人幫忙，但整份報告要經過國務院的渠道送批。

我們打聽到國務院的領導，當年在北京某地方經常打網球，所以先下手贊助球拍及一場友誼賽，亦便順理成章請到有關高級幹部，請他指教如何上報。上報前雙方見面。可樂公司當時的確為中國出了不少力，尤其在中國爭取加入世界貿易組織前，協助中國與美國商界聯繫，向美國政府游說爭取最惠國待遇(The most favoured nation)。郭思達更是美中關係全國委員會主席，所以江主席答應老闆用此委員會主席身份申請，以期與中南海領導會晤。原來當年江主席還參與了批准可口可樂在廣州建立第二個罐裝廠，他當時

與古巴裔主席郭思達(中)見江澤民(左)，就在芫茜過敏事件發生之後。

是國務院對外貿易小組的成員。江主席接見可口可樂團的消息，在中國及國外都有很正面的影響。我陪同眾老闆在中南海瀛台見國家主席，可算是幸運。

老郭見完江主席後飛武漢，行程尾站是為可口可樂在亞洲最大的汽水廠主持開幕禮。當他的專機飛離武漢時，我們大家都鬆了一口氣。我的上司在武漢機場買了一支2000多元的XO，用餐廳的紙杯就在候機室喝起來，整個團隊經18個月非常緊張的日子，終於過去了，紙杯絕對沒影響酒香。

不過，老郭在返回美國不到幾個月，便驗出末期肺癌，不久便去世。不論公司及美國商界，對他都十分懷念。

保鏢懷疑被裝偷聽器

老郭生前很喜歡來香港來做西裝，每次均訂做很多套。我們到美國開會，還要代他帶做好的西裝到美國。每次我會主動報關交稅，反正他很有錢，亦不在乎這些花費。為公司做事，以不惹官非為上。

老郭訪華其間，政府安排我們住釣魚台國賓館18樓，即英女王及其他元首住的那一幢小別墅。到場的頭一天，晚上邀請了一位副總理，老郭助手忘記了帶禮物，吩咐保鏢回房間取。像可口可樂這類大公司，他們的保鏢，都是退役的美國中央情報局或聯邦調查局官員。那個保鏢說他剛回房，看到幾個服務員打開枱燈、在裝竊聽器。我沒有親眼看到，但相信可能真是電燈壞了要維修。老外對中國事物都太受西方傳媒影響，每每疑神疑鬼，倘真要裝偷聽器，早就會弄好的。

6.6 克林頓訪華從美特運健怡可樂

可樂與美國駐華大使館有千絲萬縷的關係。每年七月四日的美國獨立日，可樂總會提供大量飲品，供官員及美商盡情享用。總統克林頓是健怡可樂的粉絲，正如其他美國政要一樣，他訪華其間，可樂提供了很多支持。

美國政府的繁文縟節很多，我先要填表送美國國務院，說明提供產品並非收買官員、公司未被任何部門調查等等，等到一紙批文下來，才能安排送貨。代表團的汽水是特別生產的，確保無問題。克林頓自己飲的健怡可樂，卻是從美國運來，確保沒有一點風險。

贊助婦女大會見希拉里

1997年克林頓訪華其間，夫人希拉里亦在北京主持聯合國世界婦女大會的開幕典禮，在北京Ritz Carlton酒店舉行，大會找來總公司支持，可樂答應贊助開幕禮及午餐會。主辦方遂安排希拉里接見可樂公司代表表達感謝。為避免成為他人口實，雙方同意有希望工程的貧苦學生陪同，會見安排以婦女扶貧項目包裝。

即使是公益活動，美國特工亦非常小心，防止可樂有人以此做廣告。我從亞特蘭大總部趕返北京，與美國特工周旋。不論會面時各人所站位置、送給希拉里的禮物等等都會審查，談了一整天。最初連攝影師亦不能帶，多番爭取才開了綠燈。希拉里還接受孩子贈畫及一個用可口可樂為主題的「長城」雕塑。雙方都有交代。

與希拉里(右)握手。

由於總部與白宮熟稔，總部更要求我方派人招呼空軍一號的機組人員。我於是找到同事Raymond去負責，帶著他們去觀光，事後對方給他「空軍一號」的限量版禮物。他回來匯報，以為禮物我會收歸己有，我二話不說，要他留下來作紀念。因為一經匯報，就要上繳。當然，我不會盜取他人果實。事後多年我們談到此事，都滿懷追憶。

其實美國總統訪華的細節，絕大部分都預先安排好，美國人很懂製造令人好感的形象，比如克林頓甚麼時候會停下來買冰淇淋吃，早就「寫好劇本」，食物經過多輪檢查，才讓總統吃下肚裏。

克林頓及他的團隊到訪，包下了中國大飯店兩層辦公，可口可樂公司當然急急送上產品。但總統吃喝的，都是特工從美國老遠運過來的，部分更是隨他專機從香港運到北京。

06 要識享受拆彈

6.7 歐洲罷買可樂 燒到中國

1999年，比利時出現罷買可樂事件，想不到竟然燒到中國來。當時是夏天旺季，差一點燒掉了我們管理層那年的獎金。

事件起源是一班比利時小學生喝了芬達後嘔吐，集體進了醫院。當地衛生官員懷疑汽水受污染，但該批次汽水經多次化驗都找不出證據。不過醫生證明孩子的確感到不適，所有孩子當天看完醫生便回家。

但當時比利時與美國就美國農產品入口到歐洲事情上，出現爭執，當地剛巧又是大選其間。不少政客利用這件事攻擊美國，為自己勝算加分，當地政府就在那時下令所有可樂產品下架。有激進的候選人更公開要求銷毀可樂產品，掀起幾個對美國不滿的國家加入杯葛可樂行列。

一件發生在半個地球以外的事，做夢也想不到在中國造成自1982年全國下架以來，對可樂最大的衝擊。

比利時小孩飲芬達後嘔吐

事緣在這件事以前，發生了中國空軍為把美國軍機迫降在海南機場，最後解放軍機師連人帶機墮海失蹤，以及美軍轟炸我國駐南斯拉夫使館，三名記者身亡的事件。兩件事都給中國政府的「穩定壓倒一切」方針，強硬的壓下來。其中空襲我國駐南使館影響最大。當時全國大學生都發起遊行示威。以可樂為首的所有美國公司都被針對，無一倖免。幸好當時中國政府不想事態失控，盡量保護外資，有幾個城市的公安都在學生接近外資集中的開發區時，被引導去公園或廣場。

撞上中國反美潮

在北京及清華等大學，公關團隊在事件萌芽之際，便率先遮蓋可樂的廣告及零售點的設備，加上北京市政府用大巴接載學生到美國大使館擲石頭，令學生宣泄，才勉強壓下來。

不久比利時爆發罷買可樂，中國很多人都覺得這是時候「回敬美帝國主義的大好時機」。

首先打響頭炮是新華社及央視，他們就比利時事件，排山倒海地報導又報導，大篇幅地炒熱這件事。那段日子我每晚都與總部商量對策，天亮後就出公文（即是應付提問的「官方答案」，line-to-take），送去分部及罐裝廠，給員工提供最新消息，也回答政府官員及記者。

當時比利時政府有懷疑是木托盤的油漆氣味跑進產品令學生不適，我馬上告訴團隊，在華產品大多用膠托盤。歐洲當局又說懷疑可樂濃縮液受污染，我告訴跟進的記者，我們在中國是用上海當地生產的濃縮液。但不管你說什麼，老百姓總是「寧可信其有」。可樂產品開始滯銷、個別經銷商要求廠方退貨、各地老總都擔心整個夏季銷售會泡湯。

幸好在最危急的關頭，團隊找到衛生部要求化驗各主要城市的可樂產品是否安全，因為大家心知肚明，我們質素一定會過關。衛生部一位極高級的領導見我們，他坦白告訴我們，不能答應可樂的要求，因

為「堂堂一個中華人民共和國的衛生部是不會為任何一間公司服務」。在我們再三請求下，這位領導說：「但是，我們會為人民服務」，接著就送客了。

衛生部領導教路

大夥兒商量後，才摸懂了：可樂公司不能要求衛生部驗，但由老百姓提出就行了。於是公關團隊很快在幾個主要城市，找到有影響力的友好記者，一同在報導中要求衛生部化驗可樂產品是否有問題，給全國消費者一個交代。

這一招立竿見影。不出幾天，衛生部公布全國五大城市隨機抽查的可樂產品，全無問題。若不是公關們有「慧根」，聽懂衛生部領導的「佛偈」，後果不堪設想，恐怕避不了「血流成河」。

當然全國可樂系統的宣傳團隊，在報告出來後，第一時間以能動用的一切力量去宣傳這份報告。消費者信心回來，加上銷售部拼命追數，年終結算總算達標，保住了獎金及公司獎勵的股票。

想不到當時公司主席因為這件事，被最大股東「股神」巴菲特追殺。在他去歐洲返回美國總部時，就在飛機的停機庫會議室，便傳來董事會的決定——因為歐洲杯葛事件處理得不理想，要他「解甲歸田」，並送上天文數字的分手費。

識做語錄

When in doubt, leave it OUT.

「未證實唔好講。」

這句話語出「新聞教父」黃應士。放在新聞界，自然是指嚴謹求證。放在「做人」，我經常提到別人信你、幫你，都是出於一份信任。若果你經常引用未經證實的事，人家對你的信任便大打折扣，更會懷疑你的意圖。漸漸信你的人就愈來愈少，雖然識的人多，但出手幫你的少，到頭來也是空。

在處理危機時，fact-check態度更重要。危機發生時，資訊都很混亂，資料錯便決定錯。在迪士尼工作時，辦公室就在樂園內，一有事我第一時間到場，還原案發經過。你有第一手資料，討論或提解決方案就「貼地」很多。

7

為港爭辦奧運馬術

07 為港爭辦奧運馬術

7.1 遇上「沙士」幾乎一鋪清袋

千禧年可樂決定將大中華區總部，由香港遷到上海，我因為不停「飛」了15年，決定留港創業，卻遇上「沙士」疫情。身陷人生低谷時，我反得百年不遇的機會——參與爭辦2008年奧運馬術來港，體驗了「塞翁失馬焉知非福」的智慧。

我創業時雄心萬丈，很快就在北京、上海及武漢成立分公司，準備大展拳腳。第一年生意不錯，與可樂關係好，它把一些業務外判予我，自己以為終於殺出一條血路了……創業第二年，「非典型肺炎」疫情來襲，經濟轉差，我逼得關閉國內分部，只留香港公司，出盡法寶希望度過人生低潮。就在這時，馬會帶我出生天。

全球頂級馬術障礙賽

我公司一個客戶「馬爹利干邑」，多年來贊助英國國家障礙賽馬大賽(Grand National)。這是全球頂級馬匹障礙賽事，每年在英國利物浦舉行，客戶希望安排賽事在央視播出，擦亮品牌。因為過去與體育傳媒的關係，這個專輯很快編好，登上央視體育頻道。馬爹利的亞洲公關部頭頭找我，下一步想安排中國記者到利物浦Ascot馬場實地採訪。我欣然接受這項任務，反應不錯，第二年「添食」，後來馬爹利與主辦方續約談破了才作罷。

轉播馬術賽事這類項目，最重要是不要被人扣上「鼓勵賭博」的罪名，牽連可以極廣。每個環節都要很小心，譬如賽事延遲半小時才播出，令觀眾有即場轉播的感覺，但無法投注。

賽道有一個急彎，那裡的座位是全場最貴，因為若果不幸有意外，便包你看到騎師人仰馬翻的鏡頭。我不止一次在那裡看到馬匹撞欄斷腳，後勉強站起來，發出淒慘的叫聲。馬場職員很快會拉一個帳篷過去，在帳篷內一響槍聲之後，將馬人道毀滅。賽事因此備受愛護動物人士及社會輿論的壓力。

香港馬會得知我能安排「馬爹利」賽事在央視播，不久就找上門。

7.2 被獵頭公司挖入馬會

香港回歸祖國前，鄧小平說過「50年不變」、「馬照跑舞照跳」；同時香港馬會很早就想將賽馬引入國內，憧憬着這個有十多億人口的國家，有一天也「馬照跑」，肯定財源滾滾來。但馬會苦無對策，很久不能打開缺口。

好像國際賽車一樣，國際速度馬術賽每年在不同國家展開十多站賽事。香港賽馬地位很高，每年的首場和最後一站都在香港舉行。有了英國障礙賽的經驗，轉播香港速度賽馬，我有信心去辦，果然成績不錯。就在此際，一個獵頭公司的朋友打電話來，說馬會請人，已安排我去見工。我當時還沒有心理準備再為人打工，但我怕失去這個客，只好硬着頭皮去。

怕得失推薦人去面試

面試本來說是半小時，結果談了一個半小時。過了幾天再見馬會總裁，很快就簽約。聘請合約是以外判形式給我公司，規定包了我每月的服務時間。馬會還給我半年時間去完成公司手上的工作，但不能再簽新客。馬會急着要我打的公關仗是扭轉輸波自盡的輿情——馬會當時剛辦獨家足球博彩，碰巧那幾個月有多宗自殺案，坊間硬說死者是因為賭輸足球自盡。我的任務是去游說傳媒及政客，不要藉此追殺馬會。

某一天，上司告訴我另有秘密任務。原來2008年北京奧委會不想在北京舉行馬術比賽，因為建馬場要十多億人民幣，事後不能賽馬，並不划算。所以希望奧運馬術項目移師香港，因為這裏已有良好檢疫制度和馬場設施。秘密小組由當時馬會董事局主席夏佳理領導，他對賽馬及馬術都精通，成員是賽馬事務總負責人的應家柏及我。應家柏是德國人，曾管理德國200多個馬場，後來出任馬會行政總裁。

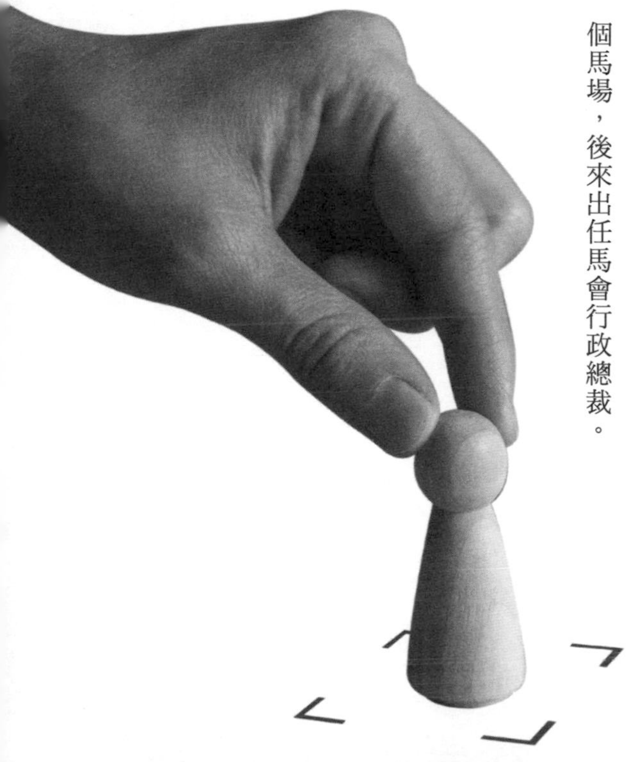

07 為港爭辦奧運馬術

7.3 頂級政商角力手腕

馬會接辦奧運馬術是國家交給港府的任務，是不能拒絕的使命。打從一開始，馬會出了錢去辦，除了是抓住香港百年一遇的機會，更主要是乘機擴充馬房。馬會冀拿回多年前贈送給香港體院的一塊地，也很快取得政府默許。對我來說，最精彩是踏入爭辦的部分，能夠身處其中，真是難得。

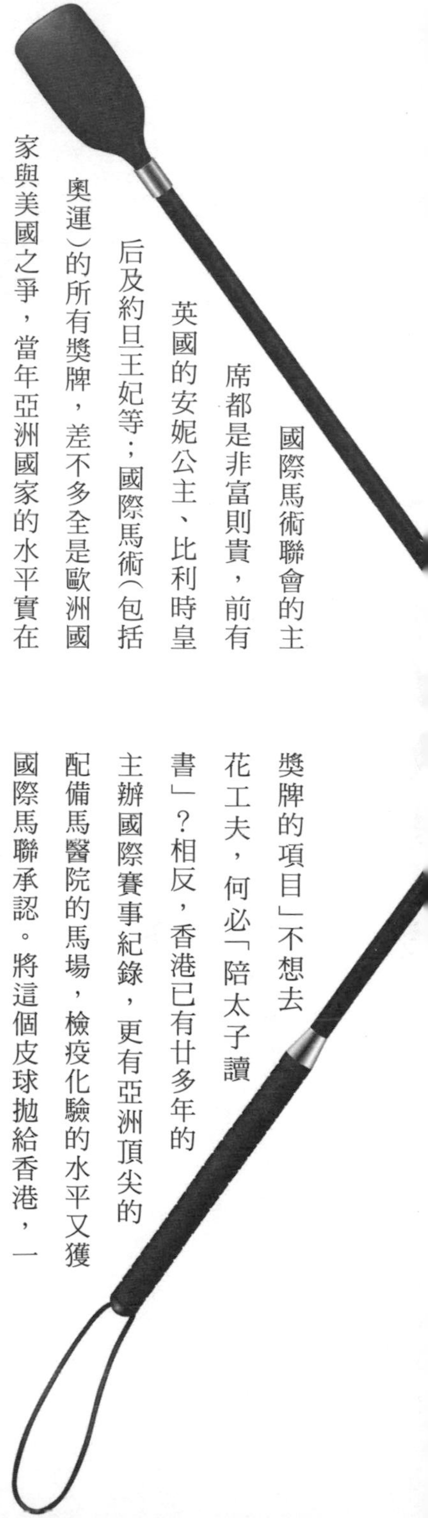

國際馬術聯會的主席都是非富則貴，前有英國的安妮公主、比利時皇后及約旦王妃等，國際馬術（包括奧運）的所有獎牌，差不多全是歐洲國家與美國之爭，當年亞洲國家的水平實在差一大截。香港奉命接手，還有國際馬聯一關要過，實在很不容易。國際賽馬有一個規定，主辦賽事的地區，必須兩年內無發生馬疫。試想一隻身價百萬美元的頂級馬到疫區作賽，回來後要關起來一兩年去檢疫，而馬匹出賽的黃金年齡只有兩至三年，若果耗在檢疫，馬主定會血本無歸。馬主根本不會派好馬去疫區，所以國際馬聯對這個條件寸步不讓。

主辦馬術賽事條件嚴苛

北京奧組委知道中國無經驗、無條件，更沒有好好的無疫紀錄，也對「不會有任何獎牌的項目」不想去花工夫，何必「陪太子讀書」？相反，香港已有廿多年的主辦國際賽事紀錄，更有亞洲頂尖的配備馬醫院的馬場，檢疫化驗的水平又獲國際馬聯承認。將這個皮球抛給香港，一來可以向國際及國人展示一國兩制的優越性，二來送個人情給香港。

北京奧組委就是等到離奧運已少於兩年的時間才告訴國際馬聯，北京及附近馬場無法完成這項無疫紀錄，只有去香港了，否則辦不了。當然歐美各國不願眼白白的看要快拿到手的奧運馬術獎牌化為烏有。加上每屆奧運都不斷加入新項目，自然取消一些現有項目，國際馬聯亦怕自己遭殃。若果主要賽事不在北京舉行，恐怕歸類成非主流項目，容易出局，所以必然鬥爭到底。

7.4 逆境中爭取最佳條件

爭辦奧運馬術是我最難得的學習機會，在於近距離看到主席夏佳理的手腕。在一個12月的日子，我陪同夏主席及應家柏總監，到北京參加奧組委與國際馬聯的會議。會議夾入一段由香港賽馬會準備的場地設施匯報，我負責該段影音，一早就要進會場。

會議由奧組委主任、北京市委書記劉淇主持。一開始就火藥味濃烈，因為前一天國際馬聯主席及幾個主要官員，去巡視可能主辦馬術賽事的現場，發覺沒有合格的無疫區，而有關紀錄也不完整。國際馬聯當時的主席是西班牙公主，已有一把年紀，火氣最大。經過多次爭論才答應先聽聽香港匯報，其實政治最終都是講妥協、講條件。

夏佳理的手腕

夏主席及應總監入場，大家都不予理會，一等到夏主席上台發言，西班牙公主馬上認出他，整個會議氣氛緩和起來。會後夏主席告訴我們，他的夫人是比利時人，孩子放暑假曾上公主的遊艇結伴出遊。夏主席的匯報非常成功，又是一個「識人好過識字」的典型。接著收到通知，北京奧組委與香港代表團要到倫敦國際馬聯的周年大會陳述，面對200名馬聯成員。

香港代表團當天下午四點匯報，首先由民政局長何志平主講。豈料講了十多分鐘，大會叫停，說會員有要事商量，奧組委等所有人要馬上離場等通知。何局長很憤怒，說是對北京奧組委及香港的不尊重，建議拒絕再出席。北京官員由北京奧組委的秘書長率領，不好表態，場面十分尷尬。

港方匯報被腰斬

此時夏主席獨排眾議說：「這不是爭一口氣的時候，我們一行是要將事情辦好，爭取到國際馬聯批准奧運馬術移師香港」，他馬上對北京及香港政府代表說：「你們先到晚飯地方休息一下，馬會小組會立刻改好匯報，以便明天返回會場時繼續解說。」馬會團隊在酒店房分頭工作，即時用了近一小時改好匯報，更趕上與大部隊

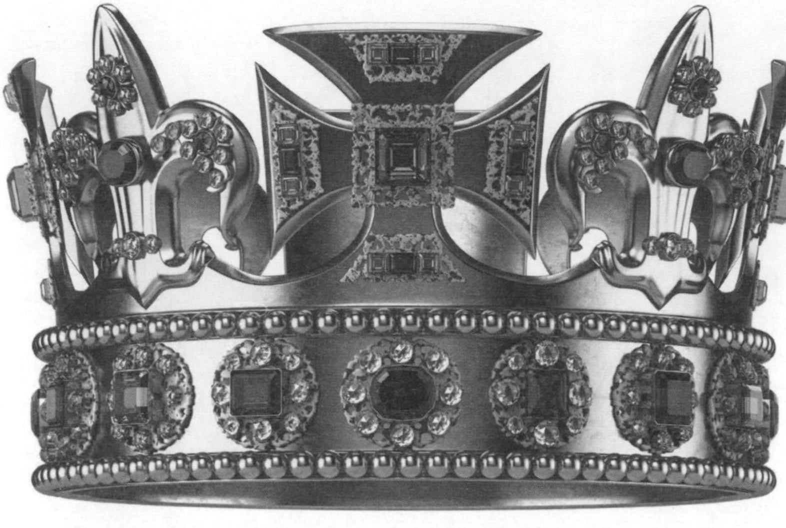

匯合晚餐。我深信這個舉動為馬會在北京面前大大加分。這個事件教導我：甚麼是臨危不亂；往後危機降臨時，回憶中這幕情景便警醒我：遇上逆境，不能意氣用事。

當我們翌日一早返回會場時，有些國際馬聯的成員前來道歉，其後我們在沒有打擾下完成匯報。我相信事件的玄機是大會已告訴所有會員，騎虎難下，需要接受馬術賽事移師香港的事實，只好盡量爭取更佳條件。

這仗塵埃落定，馬會告訴我會續約至2008年殘奧的十月底。我想當時到了55歲，應該要「第二次」退休了，所以欣然答應，更申請放假三周。

識做語錄

Nothing to Add.

「沒有資料補充。」

我在可樂及迪士尼都禁止團隊評論對手，因為競爭對手會盡量抱住你的大腿，求引起更多注意。記者來問，資料有錯我便馬上更正，其他就盡量少開口，「沒有補充」能避開很多負面評論。不少老闆批評這是逃避、示弱，但結果講多錯多。

公關不會禁止同事宣傳，但面臨危機時，往往有人誤會你阻住他出風頭，你攔他不住的。我曾經跟過一個老闆，他在管理會議上說得很清楚：「把我捧得高高的文章不會使我加人工，我要花時間在業務。」他在位那幾年，管理團隊的獎金是150%。因為已到上限，總部將上限以外的獎金分給員工，茶水部姐姐都笑逐顏開。

公司部門之間爭拗，老闆問你意見，你也可以說「沒補充」，避免站錯邊後患無窮。

助迪士尼領展
打輿論戰

08 助迪士尼領展打輿論戰

8.1 從上海星洲搶來迪士尼

上天對我真不薄。在可口可樂及馬會兩個百年企業工作以後，又安排我到另一個同樣家喻戶曉的百年國際集團——迪士尼。香港還未從亞洲金融危機中「回氣」，又來了「沙士」疫症，民不聊生。故此時任特首董建華，派員與美國迪士尼公司接觸，希望以優厚條件，吸引來香港落戶，振興旅遊業。香港當時只是回歸祖國幾年，西方國家還未準備中國崛起，不願意看到「一國兩制的成功」。

董建華跑到中央游說

迪士尼公司其實並不想在香港落戶，他們已與新加坡及上海市磋商，就在兩個城市選一個，香港不得不再加碼去「搶」。其實迪士尼公司看中中國的龐大市場，一直屬意上海。上海政府當然也知道，迪士尼在談判桌便佔不到上風。

反觀新加坡連年與香港「鬥」，加上印度人很喜歡去星洲，這個市場之龐大，雖然經濟未必比得上中國，但背靠世界人口第二大國，星洲自有他的吸引力；既知道上海是強力的競爭對手，所以星政府開出來的條件並不俗。

坊間很多傳聞說是董建華為了救市，跑到中央，力陳迪士尼項目對香港及一國兩制的成功有多麼重要，隨之國家主席江澤民

叫停了上海，讓香港這隻黑馬勝出。我曾經與來訪的上海官員談過，他們證實確有其事。當時董建華差不多傾全港之力，以求把迪士尼拉過來。負責這項工作是投資推廣署署長盧維思，這個英國人是殖民地時代的高級官員，過渡到香港特區政府。他當然知道這個項目對香港的意義，但香港人往往恃著「中國市場」，認為迪士尼一定會來港，故此不大贊同政府給予迪士尼的優惠。

對迪士尼救市的超現實幻想

特區政府為了盡快讓迪士尼樂園開幕，其他工程都要讓路。迪士尼那塊地皮本來是汪洋一片，政府早已規劃為十號貨櫃碼頭。香港曾經多年是貨櫃吞吐量全球第一的大港，因為祖國要發展珠三角，在香港附近興建幾個比香港貨櫃碼頭大幾倍的設施，華南大量工廠的製成品改從那裏出口。所以十號貨運碼頭的計劃，已經胎死腹中，港府樂於用這幅地讓香港躋身迪士尼樂園行列，與美國、日本及法國看齊。大家當時都對樂園抱有很多超現實的幻想。

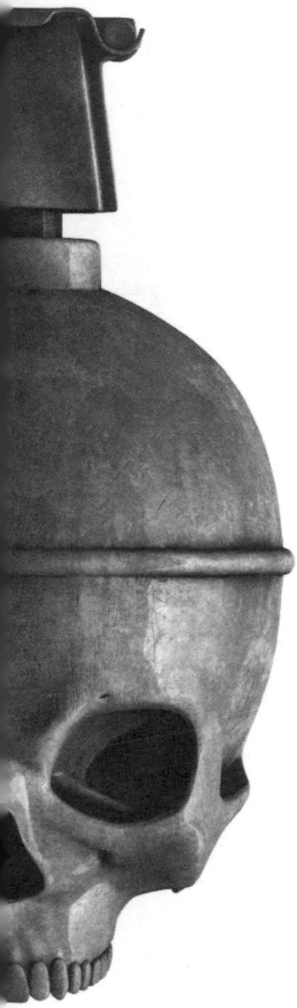

8.2 填海挖出「關公」炸彈

為了趕工填海，發生了一件令香港政府十分尷尬的工程醜聞。填海造地必須要的大量泥沙，除了開發山頭及從國內買來，大多數填料都是在本港海床找。用巨型高壓吸管吸海沙上駁船，運到目的地後，再用高壓水將沙及水射向劃定範圍，等水流走後會形成陸地。

二戰未爆彈混入填料

工程承建商看中了南丫島及長洲附近海床，因為沙夠多，決定在那大規模開採。然而他們忽略了，那片海域正是第二次世界大戰時，香港飽受日軍來回轟炸的災區，遺下大量炸彈。連帶過去幾十年來，當建屋挖掘地基時發現了未爆彈，都由當時英軍或警察，以水路將炸彈運到這處投下水深處了事。

迪士尼承建商填海時，把大量戰時炸彈連海沙一同吸上來，又噴到迪士尼所在的填海區。地填好後，迪士尼着手建地基，工程師前往勘察，發現滿地竟然是真炸彈。一個一家大小去玩樂的地方，當然不能滿地真彈，美方要港府執好手尾才能動工。政府工程人員亦不知道如何處理。結果，迪士尼在港府要求下，從美國請了一家叫「黑鷹」的公司來港，利用大小不同的探測器，天天尋彈，一找到便交給警察的爆炸品處理課引爆。填海送炸彈，令香港政府及建築界人士很沒面子。

港府賠錢請人執手尾

今天若果迪士尼要擴建一個新園區，或者建一座新酒店，都要請專家探測好地下沒有炸彈才能動工。近年新建的探險家度假酒店地基前，也是如此，聘請美國公司的使費當然不少，迪士尼一定要港府埋單。這件陳年舊事一再被提起，很多參與其中的高官，都嚥不下這口氣。所以往後不少迪士尼樂園的負面新聞，都是他們暗中爆料，以求出口氣。

當時我未在場，後來看到公司內部文件，令我大開眼界。

8.3 港府不滿官員爆料

董建華很想盡快建好香港迪士尼，為香港經濟打一口強心針，所以逼得很緊，官員被迫配合。然而，公務員大多自港英政府過渡而來，他們心底不服董建華，這已是公開的秘密。被要求全力趕工的項目，往往被人「放料」給傳媒。輿情在不斷「打針」（中傷）之後，本來香港人引以為傲的項目，被標籤為「喪權辱國」的不平等條約。當中亦反映一些官員對項目認識不夠深，或者將小問題放大。

08 助迪士尼領展打輿論戰

種樹要求高 被斥嘥錢

我剛到樂園工作，曾有一個漁農署高官對我說，迪士尼園區的大量樹木，都要求一呎半的泥土，土壤成份規格又嚴又複雜，他還說：「這是本港一般要求(6吋)的3倍」，「簡直是浪費香港納稅人的錢，是極無理的不平等條約」。其後我特別找技術部同事澄清，原來呎半泥早是很多國家採用的標準，因為填海而來的地會沉降，加上園區夏天比市區熱，冬天比市區冷，要有更深的泥土，才會使剛種下的樹更易及更快生長，有別於一般石屎森林所種的樹。可見高官未了解清楚，就向傳媒「落藥」，向迪士尼發炮。

香港迪士尼為了營造與加州及佛羅里達州的兄弟園區差不多的環境，所以要求在大門口對出車道種植幾十棵棕櫚樹，這些樹所值不菲，聽說每棵當年要廿多萬元。香港其他建築，根本不可能有同樣要求，自然又被罵臭了。

迪士尼也有做得不好的一面，他們在全世界幾十個地方，進口很多不同品種的樹，增加主題公園特色。譬如一種澳洲樹，樹身很肥胖，原產地在澳洲沙漠邊緣較乾燥地方。這種樹的樹身會儲存水份，儲水後會漲大，好像一個酒瓶，這樹種其實不適合香港。香港太潮濕，最終害他腐爛而死，結果落為口實，記者大做文章，說迪士尼倒錢落海。一棵死了的樹，往往都是整版的報導。

沒有專人去闢謠

迪士尼興建前，政府遷走原「財利船廠」，騰出空間要造一個淡水湖，由山上引水灌溉園內的大量植物。因為迪士尼知道，若果以食水淋樹，一旦香港食水供應出問題，樂園肯定遭殃。但那淡水湖那一塊地也是填出來的，泥土含鹽份很高，更殘留船廠疑似工業化學品污染，很難儲水灌溉。於是迪士尼的工程師就要求，在湖底放置一大塊膠布，然後填上泥土，這樣建成一個防漏儲水湖，豈料又成為黑材料，說迪士尼亂花錢。迪士尼建園的時候，並沒有專人去闢謠。罵得多，大家就信以為真。

8.4 前朝結怨　放狗趕記者

為什麼傳媒如此憎恨迪士尼？原來有些「牙齒印」早於建園時候已留下，園方可能一直未有注意到。我在開張第二年加入，成為迪士尼公關副總裁，決定要扭轉這問題，便順著傳媒界朋友口中找真相。

迪士尼為了要保持樂園的神秘感，加上不少美國管理層害怕設施在興建途中被人盜版，所以對承建商的要求極嚴。建築期內嚴禁拍攝，不接受採訪。香港某大電視台新聞部主管告訴我，既有採訪禁令，無批准，直升機及飛機亦不能飛越園方上空，遑論無人機航拍。傳媒無計可施下，只有派採訪隊跑到附近山頭，用遠攝鏡拉近拍攝。但承建商察覺後，不敢怠慢，放出地盤多頭惡犬，蜂擁上山，趕走記者。大家不難想像，記者當時逃跑保命保相機的危險鏡頭，好一部分記者發誓，有仇不報非君子！他們便等機會……

嚴禁採訪　與傳媒交惡

香港當年沒有設備及經驗去訓練主題公園的管理人才，所以迪士尼招募了500個大學生，遠赴佛州迪士尼培訓。本來這是香港有史以來最大規模的「500童男童女西征」，一個可以收買人心的機會，電視台更自掏腰包，派隊跟團。

然而，美國管理層受盡「不平等條約」流言攻擊，怕事件又被抹黑，竟然對香港記者很抗拒，不接受採訪，並且告訴這500人，誰與記者交談，一查實就地正法「炒魷魚」。這個電視台頭頭親口告訴我：「我花了不少錢派人到美國，定不能沒有報導返，於是記者出盡法寶，務求回來的報導都是負面」，很多受訪者是用假聲、影背

面等等。本來一個極好的宣傳機會，慘變另一項「將香港人的錢倒落海」的故事。因為樂園的股份多於一半是港府包攬，所以每個香港人看到這些「敗家」傳聞，如同有人把自己銀包的錢被亂花一樣氣憤，「感同身受」。

迪士尼在美國家傳戶曉，雖然未及可口可樂深入人心，但形象不錯，深受愛戴，香港人對迪士尼這樣反感，他們百思不得其解。後來我接觸不少美國過來的同事，都覺得迪士尼應該是受尊重的。

我到任即逐一拜訪總編

當我到任後，我逐一拜訪各總編輯，重建關係之餘，也親耳聽到不少故事，有些我不會開口辯護的，也有一些是典型商業利益衝突所致。迪士尼集團一項收入來源是賣商標版權，即是你要用迪士尼卡通人物，得先交相等如產品百分之十五至二十的版權費。各大傳媒遂想以合作方式，迴避版權問題，美方總部當然不行。眾傳媒跐了一鼻子灰，既不是「自己人」，一有事，何妨一沉百踩？

香港迪士尼的對手是海洋公園，當年本來面臨結業危險。一個電視台老總告訴我，這完全是此消彼長的例子，迪士尼令他不高興，他就盡量讚海洋公園。本來水母館的水母就是浮呀浮呀，但在攝影師的精心拍攝，加上配樂，就令水母變成芭蕾舞明星。海洋公園是非牟利團體，多做它的報導，亦不會被人說是商業炒作。

我身旁的迪士尼營運副總裁很愛吃蕉。

8.5 為人民（幣）服務

美國華特迪士尼收取香港迪士尼的管理費，是被視為「不平等條約」的一個極大原因。我多次向公司總部及香港同事了解合約簽訂的經過：迪士尼原本提出的管理費水平是純利的百分之六點八，但港府高官表示，這個數字很難獲立法會通過，要迪士尼提交替代方案。結果迪士尼提出生意額的百分之二。聽起來「舒服」得多，但其實，迪士尼管理層是「鳳凰無寶不落」的一群人，怎會讓對方佔便宜。

港官不懂商業談判

這個方案，暗藏玄機：不管你賺不賺錢，反正所有生意都要抽取百分之二；若不賺錢，迪士尼也可分錢，落袋的錢就遠比純利的百分之六高很多。迪士尼知道，新落成的主題公園，大致需要七至八年才有錢賺。開園初期，香港迪士尼樂園虧本很深，但美方的管理費就袋袋平安，直至香港在公眾輿論壓力下，向美方爭取談判，才免收或減收虧本那幾年的管理費。

興建一個主題公園，至少要200億港元。所謂「割地賠款喪權辱國」的指控是不成立的，因為地是香港政府租給迪士尼50年，收租20億，後來變成貸款，以後還是要還。不懂計數和不懂博弈之外，樂園內的遊戲竟然也暴露了港府第三個問題：官僚心態。

做事因循　拒絕引入新遊戲

第一期開園的項目，絕大部分是其他迪士尼樂園營運多年的，我曾經就此多番詢問以前經手的人，包括園區老闆安明智。他們告訴我一個秘密：當時樂園設計師提出不少新玩意，但港府官員卻一一拒絕，他們的解釋很簡單：「其他樂園已有的設計，一旦沒人玩，我也不會被指摘，因為已有了這麼多年，我沒責任。但若果採用新遊戲，一旦不受歡迎，上級會怪罪我，我何必要冒這個風險，反正做兩三年就會調走。」當然，我無法找到當年的主事官員求證，但我還是傾向相信這個故事。所以為官者，不應做生意，政府與商人的角色是有很大衝突的，一個應該為人民服務，另一個是為人民幣（金錢）服務。

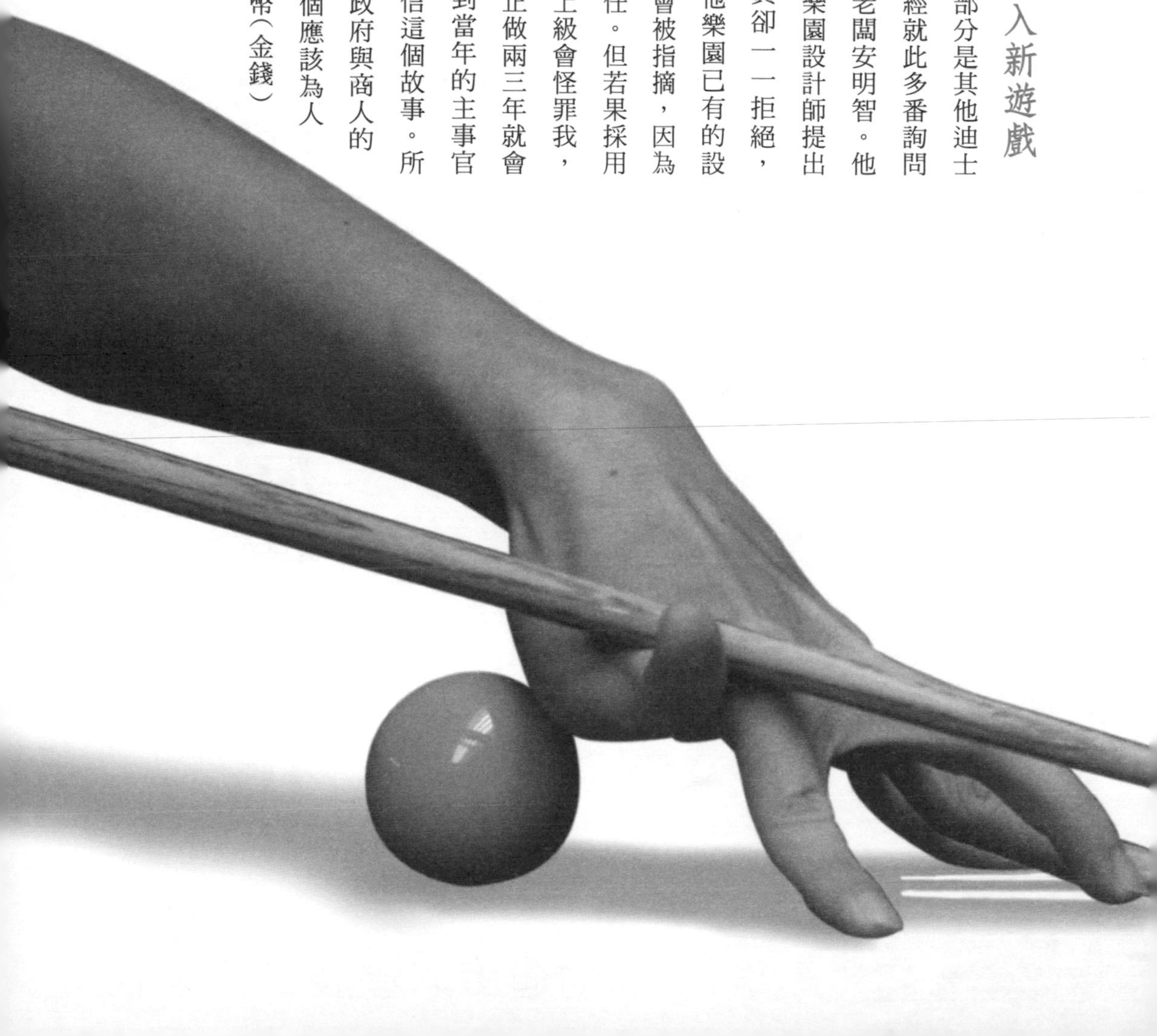

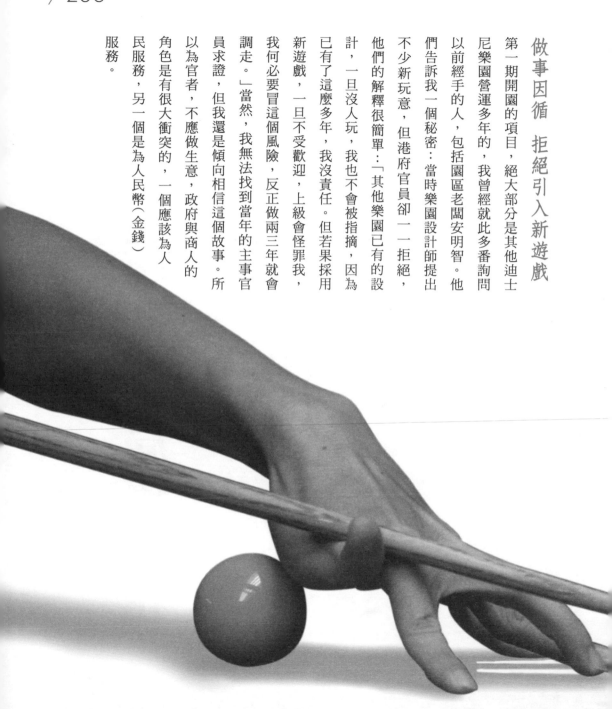

8.6 領匯董事局爆火花

領匯的背景很特別，在2005年亞洲金融危機打擊香港時，政府決定將150個商場、街市及逾百個停車場與政府脫離，因為相關營運從來入不敷出，補貼龐大，政府亦覺得不應用公帑去補貼做生意的人。所以政府特別通過法例將這批物業成立「領匯房地產基金」，下有資產管理公司，規定租金盈餘要全部分攤股東。當時社會非常反對政府就此脫身，領匯首次上市遇到司法覆核，第二次改了一些法例才成功。

領匯民間形象極差

反對派推出一個公屋住戶婆婆控告政府逃避為公屋居民承擔責任，案件「拗」到終審法院最後裁定：香港人口密集，各公屋旁邊都有很多提供服務的商店及設施，未必一定要政府去做，判政府勝訴。即使如此，民間團體一直咬緊領匯不放。

領匯計劃要華麗轉身，重新定位，迎接十周年及進軍海外。由於法例規定，收益要盡量分配給股東。若要併購，則要變賣資產去做，這需要向公眾解釋。由於要做的事多，對於閒不住的我，這份差事相當有吸引力，我與領匯簽了三年合約。我首天上班，公司要求我列席董事會，會上討論公司新定位、商標及兩條企業廣告的內容。

當廣告公司代表匯報構思時，有董事開始發難。當同事展示新設計的公司商標時，更多董事表示異議。會議氣氛火藥味濃，散會後我主動向老闆提出約見有意見的董事，了解他們的想法，融入新方案。

領匯早已請了一家英國公司調研及設計一個新商標。自十年前上市時，有一個向股民促銷的廣告外，領匯從未拍過企業形象廣告。調研中又發現批評領匯最厲害的人，大多是港島半山的居民。他們可能從來未到過我們的商場，自然也不曾光顧，其大多數觀點都是多年來負面報導累積的印象。

不要花資源去說服死硬派

公關廣告及商業管理很多理論都告訴我們：不要分散資源去說服死硬反對派。即使你獲勝，代價可能很高。倒不如花同樣工夫去說服中間的游離分子，成效好很多。這些中間派對企業沒有反感，只是仍未是「粉絲」。

管理團隊分析一下負面新聞與公司股價的關連，發覺有示威時股價反升。再深入研究發現，很多股票都在外國基金手裡。他們單看回報，只要公司派息好就可以。多數示威就發生在領匯宣布加租或加價之際，加價以後收入自然增加，派息連帶好一點，跟著股價會升。很多退休人士持有領匯股票，有息派便最實際，預計派息增加，自然加注，買盤多，股價就上。

負面新聞一定有影響，但不一定傷到企業「筋骨」。若果反對派只是令你「難睇」，對股價沒有實質影響，為什麼要怕他們？我心裡有底了，建議領匯可以試一試更進取的立場。

改變「罵不還口」的下屬

我又觀察到不少同事是由房屋署過來的，或多或少都不太願意告訴人，自己已經不是公務員。我入職前也如大部分香港人一樣，以為領匯是政府的。罵政府是沒有多少成本，反正民主派差不多逢政府必反，某程度亦解釋我心中疑問：為何罵不還口？

若果是政府部門，如房屋署就理應用公帑去補貼住戶或租戶。反過來說，既然領匯是私人上市公司，就沒有責任去補貼，就要為股東爭取「最大利益」。這些理論會令人聽來不快，不過會受大多數股民支持。

即使開始時，未見其利就先見其害，但能

夠忍受一時的批評，有好理據支持，咬緊牙關捱過，就會看到成績。

我發覺很多同事與當年迪士尼樂園開業時一樣，「被圍攻」的無助感很濃，不敢告訴人家自己在領匯工作，怕被人當口當面罵。所以軍心很重要，一定要先定軍心。

8.7 應付示威不一定靠反駁

為了振奮士氣，我組織各部門頭頭，在企業選了108個「品牌大使」，大部分是年青人。公司約有1000同事，即是每一個人傳十個人，對內便能闢謠。由人對人傳播信息，不是群發電郵（mass mail）比得上的。對外，我舉辦培訓及比賽，教「品牌大使」如何回答最「尖酸刻薄」的指控。另外廣發人手，收集駁斥反對派觀點的個案。

譬如屯門有一家很有名氣的茶餐廳，老闆年事已高，其子去當巴士司機亦不願接手。同事與他傾談，他說：「我自小就在餐廳幫手，一年到晚都沒有休息，連與女朋友拍拖時間都沒有。我很想過正常生活，現在當巴士司機每月有幾天假，與女朋友行街食飯、生活不錯，我不想太困身。」領匯面對最主要的指控是商場藉著「裝修」趕走小客戶，換上大型連鎖店，但實情在於時代轉變，很多家族生意都青黃不接。

看清局勢邏輯　逐步部署

另一大指控是商場及停車場每年的調整價目(即加價)，照例引發不少抗議示威。不少區議員為著「成功爭取」，說自己成功逼領匯減加幅。若果他們嚐到甜頭，行動不斷升級，政客又會互相比較，變相愈戰愈勇。所以我先要管理層同意，宣布了加幅就不能退，只要咬緊牙關，租戶的車因為市面車位不夠，加了價還是會泊進來。商戶若果沒生意，即使領匯減租他們也不會租，所以要「企硬」。反正站出來面對傳媒及輿論只是我。也有同事暗地裡反對，說我「撩交打」，他們可能習慣了政府一套，一被罵就退讓。但我很清楚我下決定的邏輯，有信心就逐步部署。

我請前線同事到公司轄下逾百個車場逛逛，將所有停泊的名車都拍了照片。我們還掌握公屋富戶事輛登記數目的資料，最高一個有12輛豪車。接著，我分別約城中各大傳媒老總午餐，逐一展示「證據」，告訴他們所有商業車，如校巴、送貨車、加價只比通脹多一點；傳媒「代為發聲」的一群，不少是賺到盤滿砵滿的公屋富戶。

我問大家，又何必為「富民」請命？很快各傳媒對這類新聞就失去「興趣」。

因為反加價新聞「出不去」，領匯又企硬，參加示威的人漸漸灰心。纏繞十年的老問題，慢慢「鬆綁」。負面報導少了，公關團隊增加業績的宣傳及專訪，加上公司展開併購潮，報導漸漸轉回到經濟版，相對較「理性」。

「牛頭馬面」惹怒記者

在大力解釋公司不是政府部門時，而上市公司為股東賺錢是基本責任。反對派也反擊，指領匯貪錢、是「吸血鬼」，與政府「官商勾結」。由於領匯「惹火」，政府亦乘機與我們劃清界線，指政府完全沒有股份。這反而無形之中協助領匯「洗白」，因為在香港這個商業社會，賺到盡未必是壞事，反正這是商業行為。

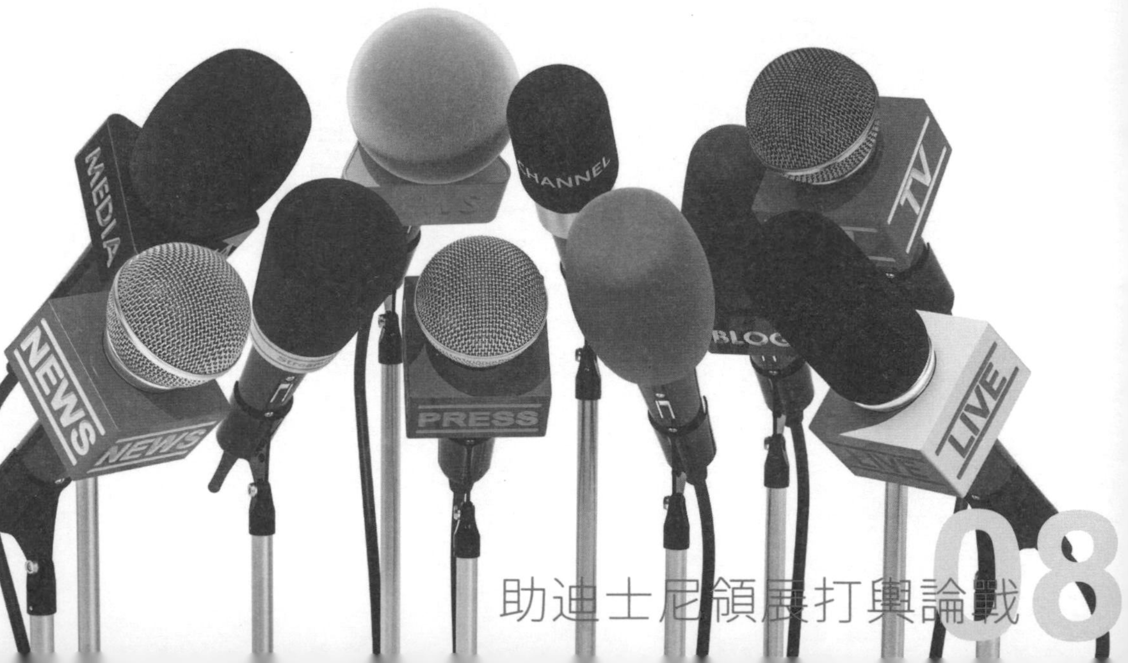

反對人士例行在公司周年股東大會鬧事，吸引傳媒報導。有議員手持很小量股票，以股東身分入場。團隊決定只讓股東進入，不讓傳媒參加，減少搗亂鏡頭曝光，並且在對方一出手，即用人海戰術——保安抬出會場。每次公關團隊都小心規劃整個程序，混亂一起便第一時間帶走主席等嘉賓，免得他們被「禁錮」，更難圓場。

避免傳媒只得反對聲音

最後，由我出去面對傳媒，重申公司立場，最重要是避免傳媒只有反對派一把聲音。當我站到「咪兜」前接受提問，反對派打扮成牛頭馬面在我附近叫囂。記者收音不清楚，反過來罵他們，頓時又變成他們的角力。

日子久了，記者發覺老是同一種「示威」方式，不免失去興趣。我於是利用反對派活動的時間，在其他樓層，請幾個管理層向記者介紹公司未來動向，引誘他們放棄年年差不多的示威題材。這個聲東擊西的手法，取得一定功效。

8.8 與港府政治博弈

當領匯要進軍國內市場，發現幾個大城市已有廿幾個「領匯」的企業登記，地產以外，還有俱樂部，卡拉ok等。廣州有一間用「領匯」登記的地產公司向我們表示，要千多萬人民幣便轉讓。領匯決定改名。

這樣大型的公司行動，商場、街市及停車場都要來一次盤點，自然流言四起，我就增加老總及主要記者的見面機會，不時

「放料」澄清。要不是識人夠多，很難招架。最後董事局通過將「領匯」改名為「領展」，這個一直經營屋邨商場的資產管理公司，終於準備好華麗轉身了。

放售資產弄到滿城風雨

領展一百多個商場中，有好一部分的租金收入無法平衡管理成本，公司於是部署賣掉這批資產，轉而購買國內商場，或者本港較有質素的商廈，甚至投地自建寫字樓。物業放售的次序，其實都需要查清楚有沒有政治因素，一不小心令事件變太複雜。公司一開始將停車場分拆車位出售，炒家都爭相出價，一轉手即逐個賣，弄到滿城風雨。本來領匯有部分物業規定低價租給社福機構，炒家亦千方百計要逼走租客，或者大幅加租，直至政府介入才有所收斂，但始終奈他們不何。

就在這個時間，政府要每五年改選換屆了。傳言不少政黨就向時任特首梁振英，及政務司長林鄭月娥投訴，而這兩位特首都表示「領展」是窒礙民生的「三座大山」之一（其餘兩座是港鐵與強積金對沖）。一時之間，政府及民間都有不少聲音要整治領展，身為公司的對外事務主管，我當然要處理這個政治「大炸彈」。

梁振英與領展的瓜葛源自他任內尋地建屋，他選中的一個屋邨有領展名下商場、街市及停車場。領展竟然反對兼搬出當初契約，指屋邨住宅及商場實為一體，學校改建住宅影響產業權。若政府一意孤行，就法庭解決。這無異是打政府的臉，某行政會議成員更找主席大罵一頓。政府亦不想公開對抗，只好找替代品。當時有心角逐特首一職的政務司長林鄭月娥亦有心一治領展，立下馬威。感謝上天，由於他倆各有所求，才給我千載難逢的拆彈機會。

兩特首向領展發炮

我首先由區議會著手。我通過友好的人脈向民政局傳話：為澄清領展與公眾的「誤會」，公司主席願意去見十八區議會主席接受當面質詢。這些「社區領袖」也爭取傳媒曝光，一拍即合。對政府而言，將皮球踢回領展，正好讓他們減壓，某程度上置身事外。領展主席是外籍人士，我當時估計問答需要翻譯，質詢時間定一小時，能回答的問題便不會太多。我方只是提出一個條件，開完會後有通道讓主席一行脫身，政府答應安排。

香港當時的區議會主席大多數是老一輩商家，不習慣用英文提問，加上他們的問題成日重複，更多的是希望自己「抒發一下」，似乎大家都知道這是一個「走過場」的活動，主席與我順利「全身而退」。

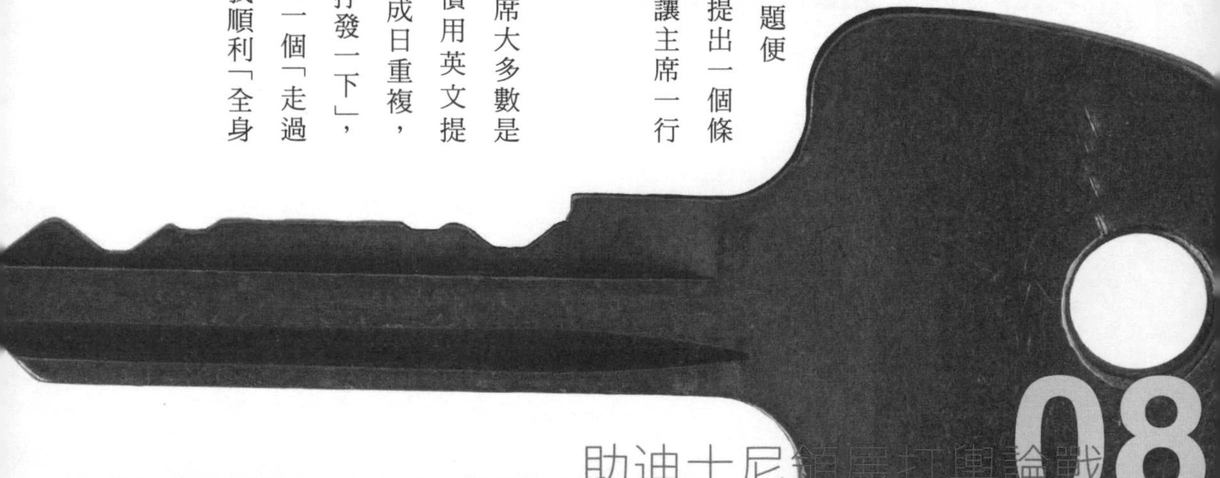

見完區議會主席，就得見梁振英及林鄭月娥了，我選擇首先見林鄭。因為我在迪士尼工作其間，林鄭是時任發展局局長，亦是董事局中的五個政府董事之一，我們每季都開會，與她有一定認識。加上她的助手我都認識好幾個，通過他們的幫助，希望見她一面，「澄清一些誤會」。既然說領展是「三座大山」之一，她當然希望見我們，向外界顯示她「好打得」，會見定在兩個月後。

由特首助手搭路

我不知道是不是因為互相爭鬥，梁振英亦公開表示要「整治」公司。感謝上天，梁振英選特首那時，我在迪士尼聯同大嶼山其他重要投資如昂坪360、海天碼頭等，組成一個叫「大嶼山發展聯盟」，與他不乏往來。所以我與梁的一些助手相熟，搭路安排領展高層見特首。

林鄭如期見我們，給我們機會澄清，雙方各取所需，到會議結束時她已表明不會有任何跟進。其後，我們也與梁振英見面，沒說甚麼重要的話。見完，政府也沒甚麼跟進，所以我也算成功化解香港頭號及二號人物來勢洶洶的指摘。

拆完彈以後，我又帶領團隊，完成一系列的十周年慶祝活動，作為我這三年合約的完美休止符。婉拒領展續約的邀請，我渴望專心為天父做一些事。

後記

圓願的力量

我在2001年離開可口可樂時，已有念頭寫一本分享所見所聞的公關個案書。不過跟著創業、爭辦奧運馬術、迪士尼、領展，一浪接一浪。終於因為要幫「基督為本基金」籌款，支持為晚晴人士圓願，才給我動力去完成這件事。

我感謝天父，在2001年開始我就在香港大學專業進修學院及中文大學新傳學院，公餘為兼職協理教授及講師，直至疫情開始才停止。十多年來的沉澱，令我對這些個案，總結出一些心得。希望你喜歡這本書，這本書的收入會全部捐給「基督為本基金」。

選擇投身圓願服務是一種緣份，也是基督徒的我相信是神的安排。由於有了三次退休的經驗，深知自己是一個閒不住的人。因此計劃在退休後，開展慈善工作，保持自己心境開朗，也想不到竟然自己也得益，想不到會助人助己。

40年的傷口

我投身記者行業初期，我充分享受工作，同時打三份工。早上起床上班 ，凌晨兩點才返家，不會言倦。就在這個時候，我患有末期腸癌的祖母對我說：「你好像鬼一樣，我每晚睡覺前都見不到你。凌晨去廁所才看到你睡在床上。早上起來，你已返工，又見不到你。家裡不缺錢，你辭工回來多陪我一下。」

我當然不以為意。過了幾個月的一個早晨，當我準備上班，她示意我到她床邊，聲線很輕：「今天睡醒，我完全沒有氣力，我看今天要走了，你趕快送我去醫院。」入醫院到當日傍晚，祖母就走了。我懊悔不已。我辭去所有心愛的記者工作，痛定思痛後，在朋友介紹下，為香港家庭福利會當公關推廣工作，後來才重返新聞界。

40多年來，我都難以忘記這個「遺憾」。想不到天父就要我在退休後，要我用幫助他人圓滿他們的心願，修復這個「傷口」。

我在迪士尼樂園擔任外事副總裁時，向我匯報的其中一個團隊是負責慈善事務項目。有一個叫「願望成真」的非牟利團體經常帶領患重病的小朋友入園，小朋友都希望與心儀的卡通人物見面。迪士尼入口附近的City Hall，附近有兩個房間，專門接待嘉賓用。

我每有空會靜靜入去看看，看見一些病得很嚴重的小朋友，見到自己喜愛的公仔後，臉上露出光，眼睛發亮。原來面無血色，卻馬上精神起來，快樂便讓人充滿精力，我深深相信圓願的力量。

為晚晴人士完成心願

在計劃退休時，我本想為這個機構做義工。但他們告訴我，機構在美國開始，全球很多地方都有，但只專注為三到17歲青少年服務，不會幫助18歲以上成人。我因此找朋友介紹去見該會主席，他是個醫生，業務很忙。他語重心長告訴我：「我們曾多次研究過，不會有太多人願意支持老人圓願，你最好準備頭幾年經費才好開始。」

我於是自己捐出了三年經費，遍訪全香港有紓緩治療的院舍，得到前線的意見與鼓勵，成立香港唯一為成年晚晴人士圓願的慈善組織。在香港仔巴士總站旁買了一個幾百呎的商業中心單位，免費讓機構辦公。果然，頭三年找不到贊助，直至近兩年才得到華人永遠墳場管理委

員會及香港會基金的支持，我們300多個義工都衷心感激。

五年來歷盡社會事件及長期疫情困擾，仍能為170多個家庭圓願，做到「告別遺憾，留住美好回憶」。近200宗個案大致分四類：與家人共聚，舊地重遊；寫下一生成就；向人道歉；返鄉落葉歸根，與至親度過最後日子。

感謝上天，為這個計劃招聚300多名義工，出錢出力，幫助從未謀面的人完成心願。其實香港有心人很多很多，我所搭起的，不過是一個小平台，讓多一點人施比受更有福，多一點人不留遺憾。

Inspiration 25

識做
跨國公關**執生**智慧

作者　盧炳松
內容總監　曾玉英
責任編輯　何敏慧
書籍設計　Joyce Leung
相片提供　盧炳松、Gettyimages

出版　天窗出版社有限公司 Enrich Publishing Ltd.
發行　天窗出版社有限公司 Enrich Publishing Ltd.
九龍觀塘鴻圖道78號17樓A室
電話　(852) 2793 5678
傳真　(852) 2793 5030
網址　www.enrichculture.com
電郵　info@enrichculture.com
出版日期　2022年10月初版

承印　嘉昱有限公司
九龍新蒲崗大有街26-28號天虹大廈7字樓
紙品供應　興泰行洋紙有限公司

定價　港幣$138 新台幣$690
國際書號　978-988-8599-87-5
圖書分類　(1)職場技巧　(2)工商管理